北京·上海·深圳
城市规划管理技术规定比较

Comparative study on the technical regulations of urban planning
management in Beijing, Shanghai and Shenzhen

上海思纳建筑规划设计股份有限公司　组编
曹洁　么春雨　张敏刚　编著

东南大学出版社
南京

图书在版编目（CIP）数据

北京·上海·深圳城市规划管理技术规定比较/上
海思纳建筑规划设计股份有限公司组编；曹洁，么春雨，
张敏刚编著. --南京：东南大学出版社，2020.12
　　ISBN 978-7-5641-9291-4

　　Ⅰ.①北… Ⅱ.①上… ②曹… ③么… ④张… Ⅲ.
①城市规划-城市管理-技术规范-对比研究-北京、上
海、深圳 Ⅳ.①TU984.2-65

　　中国版本图书馆CIP数据核字（2020）第246018号

书　　　名：北京·上海·深圳城市规划管理技术规定比较
　　　　　　Beijing·Shanghai·Shenzhen Chengshi Guihua Guanli Jishu Guiding Bijiao

组　　　编：上海思纳建筑规划设计股份有限公司
编　　　著：曹　洁　么春雨　张敏刚
责任编辑：贺玮玮　　　　　　　　　　邮箱：974181109@qq.com

出版发行：东南大学出版社　　　　　社址：南京市四牌楼 2 号（210096）
网　　　址：http://www.seupress.com
出 版 人：江建中

印　　　刷：南京新世纪联盟印务有限公司　排版：南京布克文化发展有限公司
开　　　本：787 mm×1092 mm　　　印张：10.5　字数：218 千
版 印 次：2020 年 12 月第 1 版　　　2020 年 12 月第 1 次印刷
书　　　号：ISBN 978-7-5641-9291-4　　定价：68.00 元

经　　　销：全国各地新华书店　　　　发行热线：025-83790519　83791830

前　言

　　城市规划管理技术规定或类似的相关法规，是一名规划师案头常备的规范性文件之一。我们时常会有在某个省里同时编制不同城市的相关规划的经历，时而就会不自觉地比较一下这些城市相关的规划管理技术规定的某些内容，如建筑退界、高度控制等。原本以为这些内容大同小异，落到图上却发现差异性要比原来想象当中大得多。于是就引发了不妨拿几个代表性城市的相关法规来对比一下的兴趣，来看一看到底有哪些异同之处。

　　城市规划管理技术规定作为城市发展建设的基础性文件，最早是在 20 世纪 80 年代由上海颁布实施，历经了 1980 版、1989 版、1994 版、2004 版、2011 版和 2016 版的演变历程。1989 年第七届全国人民代表大会常务委员会第十一次会议通过《中华人民共和国城市规划法》之后，整个 1990 年代各特大城市和省会城市逐步制定完善了各自的类似技术规定。如北京规定经历了 2003 版、2012 版的演变历程；深圳规定经历了 1990 版、1997 版、2004 版、2013 版和 2018 版的演变历程。到现在为止，几乎所有的县级以上城市或多或少都有各自的相关城市规划管理技术规定。

　　这些技术规定看上去都比较枯燥，但是如果从兴趣出发，这种相对枯燥乏味的事情就显得轻松愉快了不少。这里我们选取了北京、上海、深圳这三个特大城市，基本上能够代表我国的一线特大城市的管理水平。

　　这三个城市中，北京是首都城市，上海是直辖市，深圳是经济特区城市。这三个城市在经济总量、人口总量、科技水平、城市建设水平等方面都走在全国其他城市的前列，都属于我国发达城市。这三个城市又在所属区域的城市群中起着发动机、领头羊的作用，其中北京领衔的是环渤海城市群以及京津冀一体化进程；上海代表着长三角城市群，同时上海更是面向国际的窗口城市，是长三角一体化的领头羊；深圳是中国南方城市，是中国改革开放的窗口与标志，是粤港澳大湾区引领的中心城市之一。这三个城市所处的地理位置不同、气候条件不同、历史人文背景不一、城市形象及风貌在中国大都市中都具有代表性。

　　我们在工作之余一门心思地进行这份研究工作的同时，中国的城乡规划体系也正面临着前所未有的调整或重构。

　　2018 年 3 月 21 日，中共中央印发了《深化党和国家机构改革方案》，其中国务院机构改革中组建了自然资源部，不再保留国土资源部、国家海洋局、国家测绘地理信息局。其中住房和城乡建设部（城乡规划管理职责）归自然资源部。

　　2019 年 5 月 23 日，《中共中央国务院关于建立国土空间规划体系并监督实施的若干意见》（以下简称《若干意见》）发布，标志着国土空间规划体系构建工作正式全面展开。建立国土空间规划体系并监督实施，将主体功能区规划、土地利用规划、城乡规划等空间规划融合为统一的"国土空间规划体系"的整体框架已经确定。这是一项重要的改革成果，也是具有创新意义的制度建构。

我们在这里做三个城市规划管理法规的比较回顾工作，在这种时代背景下，也许能够在实践层面上，从技术细节的角度对现有的城市规划管理体系做一些回顾与总结，也算是为国土空间规划体系的构建"添砖加瓦"。

目录

1

北京、上海、深圳三大城市的特点

1.1 北京、上海、深圳三大城市的特点

1.1.1 北京城市特点

图 1-1 北京区位图

图底来源：自然资源部网上政务服务平台

图 1-2 网络宣传图片——北京标志性建筑

图片来源：http://699pic.com/tupian-400116737.html

1. 自然条件

（1）地理位置

北京市地处华北平原北部。城市东部与天津市毗邻，东南距渤海约 150 km，其余均与河北省相邻（图 1-1）。

（2）气候条件

北京的气候为典型的暖温带半湿润大陆性季风气候，属于我国第 II 气候区。夏季高温多雨，冬季寒冷干燥，春、秋短促。全年降水的 80% 集中在夏季 6、7、8 三个月，年平均日照时数为 2000～2800 小时。

（3）城市规模

人口规模：截至 2018 年末，北京市常住人口 2154.2 万人。其中，城镇人口 1863.4 万人，占常住人口的比例为 86.5%。

用地规模：北京市总用地面积 16 410.54 km^2。至 2017 年城市建设用地面积 1465.3 km^2，建成区面积 1445.5 km^2。规划 2035 年城市建设用地面积达到 3670 km^2 [1]。（图 1-2）

（4）城市地域空间特征

北京地处中国华北地区，地势西北高、东南低。西部、北部和东北部三面环山，东南部是一片缓缓向渤海倾斜的平原（图 1-3）。

2. 城市性质及历史文化发展

（1）城市性质

北京市，简称"京"，是中华人民共和国首都，也是中国四个直辖市之一。北京是国家中心城市、超大城市，全国政治中心、文化中心、国际交往中心、科技创新中心，是世界著名古都和现代化国际城市。

---

[1] 北京市人民政府.北京市城市总体规划2016—2035[EB/OL].(2018-04-07)[2020-04-02].https://wenku.baidu.com/view/b897af57a4e9856a561252d380eb6294dc882248.html.

（2）城市历史文化发展

北京历史悠久、文化灿烂，是首批国家历史文化名城、中国四大古都之一和世界上拥有世界文化遗产数最多的城市。三千多年的建城史孕育了八达岭长城、故宫、颐和园、天坛等众多名胜古迹（图1-4~图1-7）。

早在70万年前，北京周口店地区就出现了原始人群部落"北京人"。公元前1045年，北京成为蓟、燕等诸侯国的都城。公元938年以来，北京先后成为辽陪都，金中都，元大都，明、清国都，"中华民国"北洋政府首都，1949年10月1日成为中华人民共和国首都。

图 1-3　北京地形地貌

图片来源：http://www.bigemap.com/source/terrain-36.html

图 1-4　八达岭长城

图片来源：http://699pic.com/tupian-501299696.html

图 1-5　故宫

图片来源：http://699pic.com/tupian-500762051.html

图 1-6　颐和园

图片来源：https://pixabay.com/zh/photos/the-summer-palace-china-beijing-1393382/

图 1-7　天坛

图片来源：http://699pic.com/tupian-500713424.html

图 1-8　北京中轴线

北京有众多世界性文化遗产，颐和园等皇家园林建筑以及四合院等典型民居建筑各具特色。元、明、清时的北京城的中轴线，使北京的城市具有以宫城为中心左右对称的特点。20 世纪 90 年代，北京为连接城市中心和亚运村，在二环路钟鼓楼桥引出鼓楼外大街，向北至三环后改名为北辰路，这条路成为北京中轴线的延伸，其西边建造中华民族园，东边则是国家奥林匹克体育中心。北京申奥成功后，中轴线再次向北延长，成为奥林匹克公园的轴线。东边建造国家体育场（鸟巢），西边则是国家游泳中心（水立方）。再向北，穿过奥林匹克公园，到达奥林匹克森林公园，该公园中间的仰山、奥海均在中轴线上（北京中轴线及其主要结点上的建筑见图 1-8～图 1-12）。

图 1-9　鸟巢、水立方

图片来源：http://699pic.com/tupian-500743391.html

图 1-10　天安门

图 片 来 源：https://pixabay.com/zh/photos/beijing-tiananmen-square-1430436/

图 1-11　钟鼓楼

图片来源：http://699pic.com/tupian-500617113.html

图 1-12　永定门

图片来源：http://bbs.zol.com.cn/dcbbs/d34024_2075.html#picIndex1

3. 城市规划与城市发展

北京城市历史悠久，经历朝历代逐步形成了城市发展构架，以元大都时期为典型代表，开创了北京旧城区北部的轮廓和街道布局。明朝时期改建元大都后，清朝继续建都北京，可以说北京城市规划的最终奠定是在明清时期。

1946 年拟定新的都市计划——《北平新都市第一期计划大纲》，分为针对旧城区的五年短期计划和针对新市区的十年中长期计划。计划内容包括清除脏土垃圾以便疏通交通，美化市容；划定马路系统，将现有柏油路划分三等，

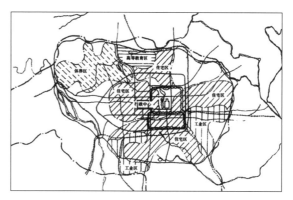

图 1-13　北京城市总体规划方案（1949 年，梁思成、陈占祥）

图片来源：http://www.360doc.com/content/19/1129/08/32773547_876261004.shtml

对旧城区分区整理，划定区域，改定房基线；重新整修，构成分级交通网络；明确新旧城分区；等等。

1949 年至 1953 年，是北京城市总体规划初步形成阶段。先是各方提出方案（包括"梁陈方案"，图 1-13），然后由华揽洪、陈占祥两位专家领衔，编制综合方案，即"甲乙方案"，最后市委决定由市委常委、秘书长郑天翔牵头成立小组，组织专业技术人员在畅观楼以"甲乙方案"为基础进行综合，于 1953 年提出了第一个规划方案上报党中央。这个方案上报后，由于北京市和国家计委意见不统一，未获中央批复。但是，第一个五年计划期间首都的建设是在这个方案的指导下进行的。

1953 年城市规划（图 1-14）按照政治中心、文化中心和经济中心（工业基地）的城市性质，确立了以旧城中心为城市的中心、改建与扩建北京城的建设方式。

1958 年的城市规划（图 1-15）确立了一千万人口的特大城市的空间格局，构建了"子母城"和"分散的、集团式的"布局形式，奠定了未来 50 年城市发展的远景框架。

1972 年城市总体规划（图 1-16）针对"文革"后期北京城市建设的混乱状态，分析了当时城市发展的现状和存在的问题，实事求是地核定了城市人口和用地规模，提出

解决城市规模过大、工业过于集中、住宅生活服务设施和城市基础设施欠缺的问题，高度重视"三废问题"和环境建设。

1982年城市总体规划（图1-17）实现了城市性质的重大调整，放弃了经济中心的发展定位，但在计划经济的窠臼下，仍提出严格控制市区人口规模，延续30年来形成的城市布局。

1993年城市总体规划（图1-18）确立了建设现代国际城市的目标。城市规划适应对外开放和城市经济快速发展的需要，延续单中心的城市格局，大幅度扩展和加密城市空间，同时强化城市内部功能调整，增加第三产业发展用地，现代商业和商务功能区开始形成。

为了适应首都现代化建设的需要，2002年5月北京市第九次党代会提出了修编北京城市总体规划的工作任务。根据2003年国务院对《北京城市空间发展战略研究》的批示精神，以及2004年1月建设部《请尽快开展北京市城市总体规划修编工作的函》，特编制《北京城市总体规划（2004年—2020年）》，城市总体规划确立了"两轴—两带—多中心"的城市格局，提出建设多中心城市（图1-19、图1-20）。奥运场馆等设施建设全面提速基础设施和公共设施的建设进程，北京进入中心城功能优化和新城加速建设的新时期。"两轴—两带—多中心"的城市空间结构：疏解城市功能、推动城乡统筹、

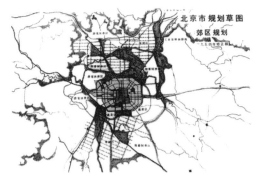

图1-14　1953年北京市域规划总图
图片来源：http://www.obj.cc/thread-86063-1-9.html

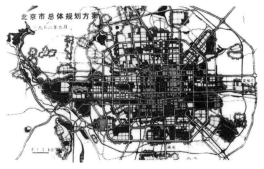

图1-15　1958年北京市区规划总图
图片来源：http://www.obj.cc/thread-86063-1-9.html

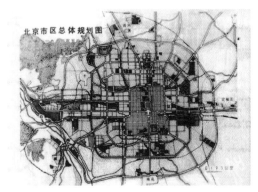

图1-16　1972年北京市区规划图
图片来源：http://www.obj.cc/thread-86063-1-9.html

图1-17　1982年北京市区总体规划图
图片来源：http://www.obj.cc/thread-86063-1-9.html

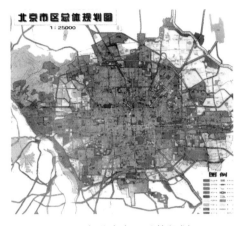

图 1-18　1993 年北京市区总体规划图

图片来源：http://www.obj.cc/thread-86063-1-9.html

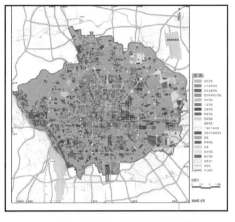

图 1-19　北京总规中心城用地规划图（2004 年—2020 年）

图片来源：http://www.51wendang.com/doc/9cfd80e68ca5a07448501cd3/2

促进区域协调、实现集约发展。

　　为紧紧扣住迈向"两个一百年"奋斗目标和中华民族伟大复兴的时代使命，围绕"建设一个什么样的首都，怎样建设首都"这一重大问题，谋划首都未来可持续发展的新蓝图，北京市编制了新一版城市总体规划《北京城市总体规划（2016 年—2035 年）》（图 1-21），由中共北京市委、北京市人民政府于 2017 年 9 月 29 日发布并实施。

　　《北京城市总体规划（2016 年—2035 年）》提出城市发展战略定位：是全国政治中心、文化中心、国际交往中心、科技创新中心。

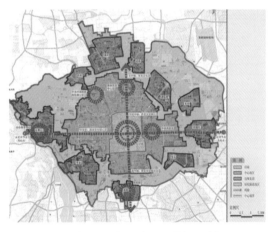

图 1-20　北京总规中心城功能结构规划图（2004 年—2020 年）

图片来源：https://www.wendangwang.com/doc/70b9f6574a27cf7eabbb1eed/6

　　规划城市建设用地面积 3670 km²（2035 年），规划全市常住人口规模 2300 万人（2020 年）。

　　2017 年 4 月 1 日，中共中央、国务院决定设立国家级新区——雄安新区（图 1-22~图 1-24）。雄安新区位于中国河北省保定市境内，地处北京、天津、保定腹地，规划范围涵盖河北省雄县、容城、安新等三个小县及周边部分区域，对雄县、容城、安新三县及周边区域实行托管。雄安新区定位二类大城市。设立雄安新区，对于集中疏解北京非首都功能，探索人口经济密集地区优化开发新模式，调整优化京津冀城市布局和空间结构，培育创新驱动发展新引擎，具有重大现实意义和深远历史意义。2019 年 10 月，雄安新区入选国家数字经济创新发展试验区。

一　北京、上海、深圳三大城市的特点

7

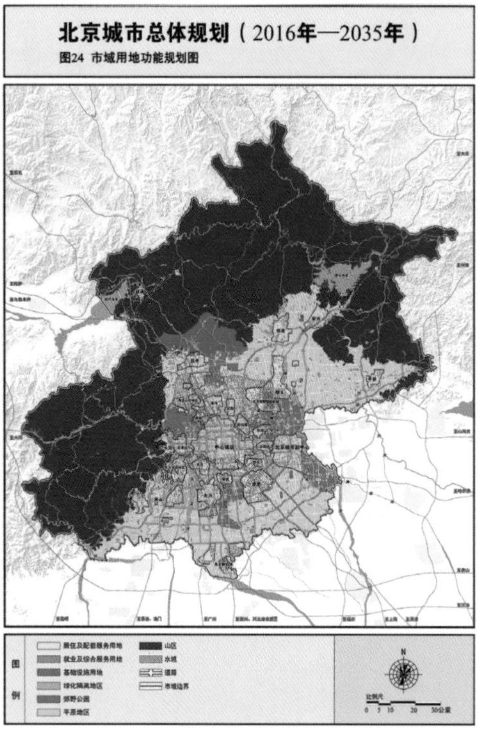

图 1-21　北京城市总体规划（2016 年—2035 年）市域用地功能规划图

图片来源：http://makaidong.com/klchang/ 21176_9173264. html

图 1-22　雄安新区位置图

图片来源：https://baike.baidu.com/item/%E9%9B%84%E5%AE%89%E6%96%B0%E5%8C%BA/20594936?fr=aladdin

图 1-23　雄安新区 2018 年概况

图片来源：https://baijiahao.baidu.com/s?id=1610759026565472565&wfr=spider&for=pc

图 1-24　雄安新区市民服务中心

图片来源：http://www.1272.cn/q/296443402_267106. shtml

4. 城市特色

（1）全国政治中心、文化中心、国际交往中心、科技创新中心

北京正全面发展建成更高水平的国际一流的和谐宜居之都，成为富强、民主、文明、和谐、美丽的社会主义现代化强国首都，具有全球影响力的大国首都、超大城市可持续发展的典范，建成以首都为核心、生态环境良好、经济文化发达、社会和谐稳定的世界级城市群。

（2）古今交融，文化特色突出

北京文化特色鲜明，包含皇家文化的缩影。有世界文化遗产故宫（图1-25）、周口店文化遗址、长城、天坛、颐和园、明清皇家遗址、大运河；世界级非物质文化遗产——京剧（图1-26），被誉为国粹；胡同文化既有老北京的风味，又有新北京的时尚（图1-27）；奥林匹克中心（图1-28）成为全球化、多元化文化融入北京的最新标志。

（3）城市布局与风貌特色

纵横中轴，胡同小院；棋盘城市，里外三层。古都风貌与现代风貌并存。老城文艺质朴，新城现代大气。

图 1-25　体现中轴的故宫

图片来源：https://www.sohu.com/a/239276018_124450

图 1-26　京剧剧照

图片来源：http://699pic.com/tupian-500182827.html

图 1-27　北京胡同

图片来源：http://699pic.com/tupian-500868713.html

图 1-28　奥林匹克中心

图片来源：http://699pic.com/tupian-501107411.html

1.1.2 上海城市特点

1. 自然条件

（1）地理位置

上海位于中国华东地区，地处长江入海口，东隔东海与韩国济州岛、日本九州岛相望，南濒杭州湾，北、西与江苏、浙江两省相接。

（2）气候条件

上海属亚热带季风性气候，属于第Ⅲ气候区，四季分明，日照充分，雨量充沛。上海气候温和湿润，春秋较短，冬夏较长。

（3）规模

人口规模：至 2018 年末，全市常住人口总数为 2423.78 万人。其中，户籍常住人口 1447.57 万人，外来常住人口 976.21 万人，人口城镇化率达到 88.1%。

用地规模：全市土地面积 6340.5 km²，至 2017 年城市建设用地面积 1910.7 km²，建成区面积 998.8 km²。规划至 2035 年城市建设用地面积为 3200 km²。[①]

（4）城市地域空间特征

上海地处中国华东地区，是长江三角洲冲积平原的一部分。除西部有少数海拔近 100 m 的山丘外，均为坦荡低平的平原。

2. 城市性质及历史文化发展

（1）城市性质

上海市，简称"沪"，是中国四个直辖市之一，是中国经济、金融、贸易、航运、科技创新中心。

（2）城市历史文化发展

春秋战国时期，上海是楚国春申君黄歇的封邑，故别称"申"。晋朝时期，因渔民创造捕鱼工具"扈"，江流入海处称"渎"，因此松江下游一带称为"扈渎"，以后又改"沪"，故上海简称"沪"。唐朝置华亭县。上海是国家历史文化名城。江浙吴越文化与西方传入的工业文化相融合，形成了上海特有的海派文化。1843 年后，上海成为对外开放的商埠并迅速发展成为远东第一大城市。

1845 年 11 月 29 日，清政府苏松太兵备道宫慕久与英国领事巴富尔共同公布《上海土地章程》（也有称《上海租地章程》），设立上海英租界。

此后，美租界、法租界相继辟设（图 1–29、图 1–30）。1854 年 7 月，英、法、美三国成立联合租界。1862 年，法租界从联合租界中独立。1863 年，英、美租界正式合并为公共租界。在租界中，外国人投资公用事业、兴学办报。租界当局负责市政建设，颁布一系列租界管理的行政法规。租界也成了当时中国人了解和学习西方文化及制度的一个窗口。

自 1990 年代浦东开发以来，上海的发展有目共睹。1999 年初开工建设，于 2007 年

[①] 上海市人民政府.上海市城市总体规划2017—2035[EB/OL].(2018-01-04)[2020-06-30].https://wenku.baidu.com/view/44d89da5cd22bcd126fff705cc17552707225e0d.html.

6月全部建成的"上海新天地"对石库门的改造成功，成为上海具有浓厚"海派"风格的都市旅游景点（图1-31）。

2010年上海世博会是中国举办的首届世界博览会，对于进一步提高国家的国际形象和地位，加强与各国的经济和技术合作，促进国际间经济贸易往来具有重大意义。（图1-32）

2013年成立的中国（上海）自由贸易试验区，是中国大陆境内第一个自由贸易区，是中国经济新的试验田，是顺应全球经贸发展新趋势、实行更加积极主动开放战略的一项重大举措。

黄浦江孕育造就了近代上海城市的成长历史。2017年12月31日，随着徐汇滨江4.5 km龙水南路—徐浦大桥段、浦东滨江7 km川杨河—塘桥段等建成，黄浦江两岸从杨浦大桥至徐浦大桥45 km岸线公共空间贯通，2018年1月1日正式向市民开放。滨江绿带的贯通为城市创造了怡人的公共空间（黄浦江滨江休闲带见图1-33、图1-34）。

2016年6月16日正式开园的上海迪士尼乐园（图1-35），促进了上海第三产业转型发展，提升了长三角区域的旅游资源优势。

图1-29　租界时期的上海

图片来源: http://www.bundpic.com/posts/post/59af8a94dffb9ca70e12af71

图1-30　19世纪初租界划分图

图片来源: https://www.sohu.com/a/270516755_365037

图1-31　上海新天地

图 片 来 源: https://pixabay.com/zh/photos/people-s-republic-of-china-shanghai-741740/

图1-32　中华艺术宫（世博会中国馆）

图片来源: https://www.sohu.com/a/166964480_160984

图 1-33 黄浦江滨江休闲带

图片来源：https://www.sohu.com/a/252969239_708446

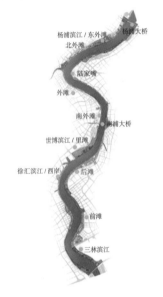

图 1-34 黄浦江两岸岸线景观改造平面图

图片来源：https://www.sohu.com/a/238943396_704393

2018 年首届中国国际进口博览会在位于上海市虹桥商务区核心区（图 1-36）西部的国家会展中心（上海）举行，是迄今为止第一个以进口为主题的国家级博览会，对国家经济发展、国际合作发展具有战略意义。2019 年 11 月，《关于加快虹桥商务区建设打造国际开放枢纽的实施方案》正式公布，进一步明确了虹桥商务区的定位和目标："2022 年，成为带动区域经济高质量发展的重要引擎，2025 年，基本建成虹桥国际开放枢纽。"在数字贸易、金融服务、信息服务、会展服务等领域打造全方位开放的前沿窗口，成为引领长三角更高质量一体化发展的重要引擎。

图 1-35 上海迪士尼

图片来源：https://pixabay.com/zh/photos/disney-shanghai-disney-castle-2187297/

图 1-36 含国家会展中心（上海）在内的虹桥商务区核心区

图片来源：http://zzhz.zjol.cn/gsdt/202003/t20200318_11791594.shtm/gl

3. 城市规划与城市发展

上海自唐宋以来，逐步发展为以渔盐生产和贸易、手工业并重的港口城镇。明嘉靖年间为防御倭寇，曾建筑一圆形城墙（现已拆除）。鸦片战争后，1843 年上海被辟为对外通商口岸，英、法等国的租界由东向西扩展，道路以东西向为主，缺乏贯通南北方向的干道；市政、公用设施残缺不全，租界与非租界之间差异很大；由于租界割据，供水、供电、排水不成系统；杨浦区的沿黄浦江地带和苏州河两岸工厂、仓库密集，大量工厂与住宅混杂布置。1929—1949 年，国民政府的上海都市计划委员会研究制定过上海城市总体规划初稿、二稿和三稿，但都未能实现。

20 世纪 50 年代，上海曾多次编制城市总体规划，主要是 1953 年和 1959 年的两次规划方案。1953 年的总体规划示意图，将上海规划成单核心的集中城市，过分强调建筑艺术构图，要求对旧城进行彻底改造。这个方案脱离实际，对城市建设未能起到指导作用。1959 年的城市总体规划草图，提出逐步改造旧市区，严格控制近郊工业区的规模，有计划地建设卫星城。这个方案对控制旧市区的盲目发展和有计划地建设郊区城镇发挥了一定的积极作用。

1978 年起，国家进入迅速健康的发展新时期，1986 年国务院批准了《上海市城市总体规划方案》，明确了上海城市发展方向，认识到"城市是多功能的地域社会经济活动中心"，明确提出"城市规划是城市政府为确立和实现经济社会战略目标、指导城市土地集约利用、空间布局和各项建设的综合部署"。

1990 年代以后，我国处于社会主义市场经济转型期，中央提出"以上海浦东开发、开放为龙头，进一步开放长江沿岸城市，尽快把上海建成国际经济、金融、贸易中心之一，带动长三角和整个长江流域地区经济新飞跃"的要求。《浦东新区总体规划》和《上海市城市总体规划（1999 年—2020 年）》是这一时期城市总体规划（图 1-37～图 1-41）编制工作的典型代表。

图 1-37　上海市总图规划示意图（1953 年）　　图 1-38　上海区域规划示意草图（1959 年）

图 1-39　上海城市总体规划图
区域（1986 年）　　　　　　图 1-40　上海城市总体规划图
主城区（1986 年）　　　　　　图 1-41　上海城市总体规划图
（1999 年—2020 年）

图片来源：姚凯 . 上海城市总体规划的发展及其演化进程 [J]. 城市规划学刊，2007(1)：101–106.

　　1992 年 11 月 20 日，上海陆家嘴中心地区规划及城市设计咨询会议在上海国际贸易中心开幕，拉开了陆家嘴整体规划的序幕。

　　1993 年 8 月，经过 17 轮深入论证，集国际智慧的陆家嘴金融中心区的优化方案诞生，确定了陆家嘴中心地区作为上海中央商务区（CBD）的重要组成部分，成为新上海的象征。1993 年 12 月，该方案被上海市人民政府正式批准通过，成为中国历史上第一个以法规形式确定的城市规划设计方案，更是中国改革开放和现代化建设取得举世瞩目伟大成就的缩影，是上海浦东开发开放的重要标志和象征。

　　2003 年 10 月，上海召开了市规划工作会议，就贯彻落实《上海市城市总体规划（1999 年—2020 年）》形成明确要求，进一步加强城市规划管理工作。同年，新颁布实施的《上海市城市规划条例》《上海市城市规划管理技术规定（土地使用建筑管理）》为实施总体规划提供了法规保障。

　　2006 年 1 月，在总结上海 2001 年开展的"一城九镇"试点工作的基础上，提出建设市域"1966"城乡规划体系长远战略目标，即一个中心城、九个新城、六十个左右新市镇、六百个左右中心村的城乡规划体系，第一次实现了上海市域规划全覆盖。

　　上海市委、市政府于 2014 年 5 月 6 日召开第六次规划土地工作会议，正式启动上海市城市总体规划的编制工作。

　　《上海市城市总体规划（2017—2035 年）》（图 1-42）中城市发展的目标愿景：卓越的全球城市，令人向往的创新之城、人文之城、生态之城，具有世界影响力的社会主义现代化国际大都市。上海将以成为高密度超大城市、可持续发展的典范城市为目标，积极探索超大城市睿智发展的转型路径。

　　规划城市建设用地面积为 3200 km^2（2035 年），规划到 2020 年全市常住人口规模达到 2500 万人。

4.城市特色

（1）现代化国际大都市

上海是长江三角洲世界级城市群的核心城市，国际经济、金融、贸易、航运、科技创新中心和文化大都市，卓越的全球城市，具有世界影响力的社会主义现代化国际大都市。

（2）开放多元的海派文化

海派文化，是植根于中华传统文化基础上，融汇吴越文化等中国其他地域文化的精华，吸纳消化一些外国的主要是西方的文化因素，而创立的富有自己独特个性的文化。海派文化的基本特征是具有开放性、创造性、扬弃性和多元性。海派文化既有江南文化（吴越文化）的古典与雅致，又有国际大都市的现代与时尚。

如果说用建筑勾勒上海，那么外滩万国建筑群（图1-43）代表的是一种兼容并包的人文精神，而陆家嘴金融城（图1-44）则代表了现代上海的发展方向和开拓精神，新天地的石库门（图1-45）代表的则是海派建筑的更高品位。三者中，同样都拥有海派建筑的因素，也体现了海派建筑典型的包容、含蓄、大度、创新。

（3）城市布局与风貌特色

一江两岸，弄堂文化。摩登都市，体现时尚气质。历史特色风貌与现代都市活力风光和谐共存。

图1-42 上海城市总体规划图（2017-2035年）市域用地布局规划图

图片来源：http://www.shanghai.gov.cn/newshanghai/xxgkfj/2035003.pdf

图1-43 外滩万国建筑群

图片来源：https://pixabay.com/zh/photos/shanghai-building-street-the-bund-504801/

图 1-44　陆家嘴建筑群

图片来源: https://pixabay.com/zh/photos/shanghai-china-huangpu-river-1225136/

图 1-45　新天地石库门

图片来源: http://bbs.zol.com.cn/dcbbs/d268_11583.html

1.1.3　深圳城市特点

1.自然条件

（1）地理位置

深圳市是中国南部海滨城市，位于北回归线以南。城市地处广东省南部，珠江口东岸，东临大亚湾和大鹏湾，西濒珠江口和伶仃洋，南边深圳河与香港相连，北部与东莞、惠州两城市接壤。

（2）气候条件

深圳属亚热带海洋性气候，纬度较低，属于第Ⅳ气候区。由于深受季风的影响，夏季盛行偏东南风，时有季风低压、热带气旋光顾，高温多雨；其余季节盛行东北季风，天气较为干燥，气候温和。

（3）规模

人口规模：至 2018 年末，全市常住人口总数为 1302.66 万人。其中，户籍常住人口 454.70 万人，非户籍常住人口 847.97 万人。

用地规模：全市总面积 1996.85 km²，至 2017 年城市建成区面积 925.2 km²。规划至 2020 年城市建设用地面积为 890 km²。[①]

（4）城市地域空间特征

深圳全境地势东南高，西北低。土地形态大部分为低山、平缓台地和阶地丘陵。东南部主要为低山；中部和西北部主要为丘陵，也有 500 m 以上的低山突起，山间有较大片冲积平原；西南部的沙井、福永、西乡等地主要为较大片的滨海冲积平原。

2.城市性质及历史文化发展

（1）城市性质

深圳，简称"深"，别称"鹏城"，是广东省下辖的副省级市、超大城市，国务院批复确定的中国经济特区、全国性经济中心城市和国际化城市，被誉为"中国硅谷"。

---

① 深圳市人民政府.深圳市城市总体规划2007—2020[EB/OL]. (2020-06-28)[2020-07-30]. https://wenku.baidu.com/view/d2fd206e743231126edb6f1aff00bed5b9f373c8.html.

（2）城市历史文化发展

深圳之名始见史籍于明朝永乐八年（1410年），清朝初年建墟，拥有着6700多年的人类活动史（新石器时代中期就有土著居民繁衍生息在深圳土地上）、1700多年的郡县史、600多年的南头城史和大鹏城史、300多年的客家人移民史，1979年成立深圳市，1980年8月26日经国务院批准经济特区正式设立，是中国设立的第一个经济特区。深圳东部的大鹏半岛有一座筑于明代的"大鹏所城"，这也是深圳简称"鹏城"的由来。

深圳拥有平安大厦、地王大厦、世界之窗、大鹏所城等著名标志性节点（图1-46～图1-48）。1994年开始建设的深圳地王大厦是深圳特区当时耸立起来的一座重要标志性建筑，也是当时中国最高的建筑物。在中国改革开放建设中，深圳地王大厦作为深圳市地标性建筑，起到了举足轻重的作用。2009年开始建设的平安大厦建筑主体高度592.5 m，成为深圳金融业发展和城市建设新的里程碑。大鹏古城是深圳历史悠久的建筑群之一。

图1-46 深圳大鹏古城南门街

图片来源：http://www.daoyf.com/Lvyou/Info-2845-5325.html

图1-47 地王大厦

图片来源：http://dy.163.com/v2/article/detail/F8PKGPB20524AE1D.html

图1-48 平安大厦

图片来源：http://karl.tuchong.com/18631967/

3. 城市规划与城市发展

深圳建市于1979年1月，在短短将近40年的时间里，以一种前所未有的时空压缩方式，完成了从边陲小镇到现代化超大城市的巨大飞跃，创造了人类城市发展史上的奇迹。

1979年至1986年是深圳城市建设的基础时期，在最初的城市规划中仅是延续国民经济计划，没有特定研究。1987年至1989年是深圳规划制度的探索时期。《深圳经济特区土地管理条例》的颁布，标志着土地使用权有偿出让、转让，土地所有权和使用权分离，土地变为商品成为新的经济增长点。"三层次五阶段"的规划编制初步完成，该规划体系的构建主要参考香港的规划编制体系，未全面推行。

1984年，为了适应当时刚刚开始的市场经济发展需要、实现"四个窗口""两个面向"辐射作用，编制了《深圳经济特区总体规划(1986—2000)》。规划提出的颇有特色又富有弹性的"带状组团式"空间结构，在有效地支持快速用地扩张的同时，也引导城市由东向西逐步形成了多个功能相对完善和独立的城市组团，从而防止了用地的无序蔓延。

1990年至1996年是深圳规划制度的完善时期，控制性详细规划在深圳全面推广，但对指标的过度注重同时又缺乏相关法律约束，导致没有发挥引导市场行为的预期作用。

1997年至2005年是规划制度的成熟时期。于1996年底完成《深圳市城市总体规划（1996—2010）》（图1-49）的编制工作。1996版总规的全域规划适应了城市高速增长期的空间拓展需求，是第一次将规划区范围扩展到全市域，为特区内外一体化发展起到了重要推动作用。

1997 年深圳市政府颁布了《深圳市城市规划标准与准则》《深圳市城市规划条例》，2000 年以后深圳又颁布了《深圳市法定图则编制技术规定》等，标志着城市规划正式转型成为制度性城市规划。此期间深圳市采取了近期规划和总体规划交替的方式，两者的结合保证了规划近期贯彻落实和远期的正确方向。

2010 年批复的《深圳市城市总体规划（2007—2020）》（图 1-50）率先探索了经济社会转型条件下的非用地扩张型的转型规划，这是我国第一次也是第一个城市提出来把"存量挖潜"作为主要建设用地的供给方式，为深圳城市可持续发展指明了方向和路径。

图 1-49　深圳市城市总体规划（1996—2010）

图片来源：http://pnr.sz.gov.cn/ywzy/ghzs/ztgh/image/new04/new04.htm

图 1-50　深圳市城市总体规划（2007—2020）建设用地布局规划图

图片来源：https://www.upr.cn/product-available-product-i_13657.htm

《深圳市城市总体规划（2007—2020）》定位深圳的城市性质为全国性经济中心城市和国际化城市。规划城市建设用地面积为 890 km²（2020 年），规划全市常住人口规模为 1100 万人（2020 年）。

2017 年 10 月 31 日上午在深圳市政府新闻发布厅举行了《深圳市城市总体规划（2016—2035 年）》编制试点工作新闻发布会，新一轮城市总规成果未公示。

2017 年 7 月 1 日《深化粤港澳合作 推进大湾区建设框架协议》签署。2019 年 2 月《粤港澳大湾区发展规划纲要》出台。按照规划纲要，粤港澳大湾区不仅要建成充满活力的世界级城市群、国际科技创新中心、"一带一路"倡议的重要支撑、内地与港澳深度合作示范区，还要打造成宜居、宜业、宜游的优质生活圈，成为高质量发展的典范（图 1-51）。深圳建设先行示范区将成

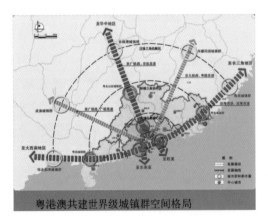

图 1-51　粤港澳共建世界级城镇群空间格局

图片来源：https://www.sohu.com/a/203146387_353672

为推动粤港澳大湾区发展的核心引擎。

4. 城市特色

（1）科技创新智慧之城，现代化标杆城市

深圳从一个人口只有 3 万、GDP 不到 2 亿规模的边陲小镇发展成为全国性经济中心城市和国际化城市，并作为中国改革开放的窗口，发展为有一定影响力的国际化城市，创造了举世瞩目的"深圳速度"，同时享有"设计之都""钢琴之城""创客之城"等美誉（图 1-52）。

（2）移民城市，年轻活力之城

城市吸引力、经济活力强，从四面八方不断涌入的人口让深圳成了一座永远年轻的城市。深圳是改革开放和现代化建设先行先试地区，除了拥有科技发达和商业繁荣的标签，作为中国第一个国际花园城市的深圳，"深圳蓝""深圳绿"成了这座年轻城市的代名词（图 1-53）。

（3）城市布局与风貌特色

"一半山水，一半楼"，拥山滨海，组团式布局的城市特色。山海相依，现代都市风貌为主的岭南秀城。

图 1-52　代表深圳发展的建筑群落

图片来源：http://k.sina.com.cn/article_1141071297_44035dc1001005qu3.html

图 1-53　大面积的绿化空间铸就深圳花园城市称号

图片来源：http://seopic.699pic.com/photo/50064/6877.jpg_wh1200.jpg

1.2　三大城市要素之间的比较

1.2.1　经济因素

1. 经济总量因素

根据国家统计局公布的数据，2018 年中国国内生产总值（GDP）达 900 309 亿元。2018 年我国城市经济总量排名中，三大城市经济总量排前三位：上海第一，北京第二，深圳第三。（见表 1-1）

北京、上海、深圳三大城市经济总量达到 87 222 亿元，占全国总量的 9.7%。

表 1-1 2018 年全国城市经济总量前十名统计表

序号	城市	2018 年经济总量 / 亿元
1	上海市	32 679.87
2	北京市	30 320
3	深圳市	24 221.98
4	广州市	22 859.35
5	重庆市	20 363.19
6	天津市	18 809.64
7	苏州市	18 597.47
8	成都市	15 342.77
9	武汉市	14 847.29
10	杭州市	13 509.2

数据来源：各地统计局

2018 年由华顿经济研究院发布的百强城市排行榜中，全国城市经济比较排名：北京第一，上海第二，深圳第四。（见表 1-2）

2. 城市经济增速

从经济增速看，深圳经济增速明显。上海、北京增速稳定，近几年增速有所下降，略低于全国平均水平。

从全国来看，区域经济发展有一个明显的分化，南快北慢的情况很明显。

表 1-2 2018 年百强城市排行榜

排名	城市	综合分值	经济指标				软经济指标					
			GDP分值	储蓄分值	总分值	排名	环境分值	科教分值	文化分值	卫生分值	总分值	排名
1	北京市	93.74	86.98	100.00	93.49	1	95.88	100.00	98.05	82.62	94.14	1
2	上海市	88.23	88.96	90.81	89.89	2	76.25	90.25	100	75.72	85.56	2
3	广州市	83.40	83.73	81.67	82.70	3	78.88	97.46	88.96	72.84	84.56	5
4	深圳市	75.10	86.63	73.22	79.92	4	84.76	43.97	94.77	45.73	67.31	27
5	杭州市	73.42	68.23	69.47	68.85	7	79.27	79.50	89.47	74.98	80.81	7
6	成都市	73.34	61.37	68.22	64.80	8	79.54	90.30	84.10	84.21	84.54	4
7	苏州市	71.36	78.58	64.13	71.36	2	75.97	61.90	87.38	60.25	71.38	20
8	天津市	70.94	77.83	61.73	69.78	6	66.26	84.50	84.87	55.63	72.82	18
9	武汉市	70.45	67.51	55.82	61.67	12	82.89	97.40	85.02	73.35	84.67	3
10	重庆市	70.21	65.30	62.70	64.00	9	79.66	89.97	73.74	77.62	80.25	8

数据来源：2018 年华顿经济研究院发布的全国百强城市排行榜，深圳市智慧城市研究院与上海社会科学院联合发布的《2018 中国城市建设水平综合评估》

1.2.2 人口规模因素

根据 2014 年国务院印发的《关于调整城市规模划分标准的通知》，城区常住人口 500 万人以上 1000 万人以下的城市为特大城市；城区常住人口 1000 万人以上的城市为超大城市。

根据国家统计局公布的 2018 年城市人口数据，北京 2171 万人，上海 2418 万人，深圳 1090 万人（以上均指常住人口）。这三个城市人口都超过 1000 万人，均属于超大人口规模城市。

1.2.3 城市产业结构

各城市第二产业仍占有很大比值，并处于产业转型的发展阶段。第三产业发展以北京居首，上海其次（图 1-54）。

北京市	汽车制造业，电力、热力生产和供应业，医药制造业，金融业，信息技术服务业，科学研究和技术服务业

上海市	电子制造业，汽车制造产业，战略性新兴制造业，服务业，战略性新兴服务业

深圳市	高新技术产业，现代金融业，现代物流业，现代文化产业，等

图 1-54 2017 年三大城市支柱产业

1.2.4 城市建设水平因素

《2018 中国城市建设水平综合评估》依据地铁 / 轻轨、公交覆盖率、高楼指数、城建品质、绿化、总分进行对比，排名如下：深圳第一，上海第二，北京第四。（表 1-3）。

表 1-3 2018 中国城市建设水平综合评估表

排名	城市	地铁 / 轻轨	公交覆盖率	高楼指数	城建品质	绿化	总分
1	深圳	92.85	96.79	100	95	97	481.64
2	上海	96.73	98.19	98	98	89	479.92
3	广州	93.91	95.98	97	93	90	469.89
4	北京	96.08	96.33	89	96	89	466.41
5	南京	93.78	92.34	93	91	92	462.12
6	武汉	92.88	92.56	95	91	85	456.44
7	杭州	91.17	93.17	84	92	96	456.34
8	成都	91.96	90.97	92	90	89	453.93
9	重庆	92.64	84.98	96	89	91	453.62
10	天津	91.82	91.12	94	90	83	449.94

数据来源：深圳市智慧城市研究院与上海社会科学院联合发布的《2018 中国城市建设水平综合评估》

1.2.5 城市科技创新因素

2018 年我国 289 个城市的科技创新指数排名如下：北京第一，深圳第二，上海第三。
（表 1-4）

表 1-4 2018 年全国城市科技创新指数统计表

排名	城市	指数
1	北京市	0.613
2	深圳市	0.549
3	上海市	0.507
4	广州市	0.474
5	南京市	0.466
6	武汉市	0.429
7	苏州市	0.427
8	天津市	0.421
9	杭州市	0.419
10	西安市	0.394

数据来源：各地区统计公报

1.2.6 城镇化水平因素

2018 年，中国城镇化率达到 59.6%。新中国成立以来，经历了世界历史上规模最
大、速度最快的城镇化进程。北京常住人口城镇化率为 86.5%，户籍人口城镇化率为
83.75%；上海常住人口城镇化率为 88.1%；深圳常住人口城镇化率为 100%。（表 1-5）

表 1-5 2018 年全国及部分省（区、市）常住人口城镇化率统计表

序号	地区	城镇化率 /%
1	全国	59.58
2	北京市	86.5
3	天津市	83.0
4	河北省	56.5
5	山西省	58.41
6	内蒙古自治区	62.7
7	辽宁省	67.6
8	吉林省	57.53
9	黑龙江省	60.1
10	上海市	88.1
11	深圳市	100

数据来源：《国家新型城镇化报告 2018》及各地区统计公报

北京、深圳、上海三大城市城镇化率水平较高。截至 2018 年底，城镇化水平均超过 85%。

1.3 小结

北京是中国的首都，上海是直辖市，深圳是经济特区城市。这三个中国特大城市分别代表了京津冀的北方城市群，中部长三角的江南城市群，以及南部珠三角的南方城市群。三个城市经济总量占全国 GDP 总量约 10%，城市化水平都超过 85%，分别引领着中国三大城市群和区域一体化的发展。

关于这三大城市相关的城市规划管理技术规定，本书主要采纳并研究的包括《北京地区建设工程规划设计通则》《北京地区城市规划管理守则》《上海市城市规划管理技术规定》《上海控制性详细规划技术准则》《深圳市城市规划标准与准则》这五份文件。这些文件内容涵盖面广，较为详细，也具有一定的强制效力。

2

三个城市规划管理规定的演变

2.1 北京城市规划管理规定的演变

2.1.1 北京规定的版本

北京规定经历了 2003 版的《北京地区建设工程规划设计通则（试用稿）》（简称"2003 版《北京规定》"）和 2012 版的《北京地区建设工程规划设计通则》《北京地区城市规划管理守则》（修编）（简称"2012 版《北京规定》"），都成为规划设计、规划申报、规划审批的重要依据和办事指南，适用于北京市行政区域范围内各类建设工程的规划设计及规划审批。

2.1.2 不同版本规定的内容简介

2003 年 3 月前，北京地区规划设计领域中的规范、标准繁多，设计单位进行规划设计时难以掌握统一的标准，给规划设计工作和规划管理工作带来诸多不便。为了规范设计市场，便于设计单位设计北京地区的建设工程，北京市规划委员会依据有关法律、法规、规章、政策和技术规范，结合建设工程规划设计和管理的实践经验，编制了 2003 版《北京规定》。

2003 版《北京规定》目录分为八章：第一章为用地规划要求；第二章为建筑规划设计要求；第三章为历史文化保护规划要求；第四章为绿化环境规划设计要求；第五章为交通规划要求；第六章为市政设施规划要求；第七章为公共设施配套要求；第八章为附则。通则内容以技术内容为主。

2003 版《北京规定》发布近 10 年后，随着国家及北京市经济社会的发展，城乡规划管理和规划设计领域也陆续颁发了很多新的政策、法规、规范和标准，2003 版《北京规定》对部分新的内容未能涵盖，原有部分内容已经不适应 10 年后工作的要求，给规划管理工作和规划设计工作带来了诸多不便，亟待更加完善。为了贯彻大力推进"三个北京"建设，体现公开、公平、公正的审批原则，指导建设单位正确申报和设计北京地区建设工程，北京市规划委员会对 2003 版《北京规定》进行修编，修编为 2012 版《北京规定》即《北京地区建设工程规划设计通则》《北京地区城市规划管理守则》（修编）。

2012 版《北京规定》目录分两部分十一章。第一部分程序篇，其中第一章为城镇规划管理，第二章为村庄规划管理。第二部分技术篇，其中第一章为城乡用地，第二章为建设项目用地规划要求，第三章为建设工程规划要求，第四章为交通设施规划要求，第五章为市政设施规划要求，第六章为居住公共服务设施规划设计指标，第七章为地下空间设计要求，第八章为城市设计要求。通则内容以管理与技术内容相结合，内容更加全面和丰富。

2.1.3　不同版本规定的相关比较

1. 目录结构比较

通过对 2012 版《北京规定》与 2003 版《北京规定》目录结构的比较可知，2012 版《北京规定》增加了程序篇内容，即城镇规划管理和村庄规划管理的两个章节。

2. 技术内容比较

增加内容：在 2003 版《北京规定》基础上增加了建筑节能和建筑节水、无障碍设计、防洪及河道治理、再生水、输油系统、能源综合利用及新能源、管线综合、地下空间设计要求、城市设计要求内容。

取消内容：取消了 2003 版《北京规定》中关于竖向设计、村镇公共服务设施、人防工程内容。

补充内容：对交通设施规划要求补充了公路交通规划设计要求，城市轨道交通规划设计要求，铁路规划设计要求，交通枢纽、公共汽（电）车场站规划设计要求，以及停车库（场）、加油加气站内容。

3. 小结

2003 版《北京规定》注重技术内容指导，而 2012 版《北京规定》是"技术 + 管理"双结合，更加全面。2012 版《北京规定》技术内容在 2003 版基础上顺应新时代下城市发展需求，强化了对城市特色风貌塑造、建筑可持续发展，以及轨道交通规划、铁路规划设计、交通枢纽、公共汽（电）车场站规划的要求。

2.2　上海城市规划管理规定的演变

2.2.1　上海规定的版本

上海市城市规划管理技术规定可以追溯到 1980 年的《上海市建筑管理办法》、1989 年的《上海市城市规划管理技术规定（土地使用　建筑管理）》、1994 年的《上海市城市规划管理技术规定 (土地使用 建筑管理)》〔简称"1994 版《上海规定（建筑工程）》"〕、2003 年的《上海市城市规划管理技术规定 (土地使用　建筑管理)》〔简称"2003 版《上海规定（建筑工程）》"〕、2011 年的《上海市城市规划管理技术规定（土地使用 建筑管理）》〔简称"2011 版《上海规定（建筑工程）》"〕演变。同时根据上海控制性详细规划编制的需求以及上海市规划管理技术规定在生态环境、市政设施等方面内容的不完善，上海市规划和国土资源管理局组织编制了 2011 年的《上海市控制性详细规划技术准则》〔简称"2011 版《上海规定（控规标准）》"〕，并在 2016 年修订为《上海市控制性详细规划技术准则（2016 年修订版）》〔简称"2016 版《上海规定（控规标准）》"〕。

本文对 1994 版《上海规定（建筑工程）》、2003 版《上海规定（建筑工程）》、2011

版《上海规定（建筑工程）》、2011版《上海规定（控规标准）》及2016版《上海规定（控规标准）》进行了初步比较，挖掘不同发展背景下管理技术规定的调整和完善的思路。

2.2.2 不同版本内容的比较

1. 1994版与2003版《上海规定（建筑工程）》的比较

2003版《上海规定（建筑工程）》是为了在新一轮城市建设发展中加强和规范城市规划管理，贯彻落实市委、市政府提出的"双增双减"的要求，改善城市发展环境，提高城市生活质量，促进城市可持续发展。经上海市人民政府批准，按照"国家法制统一的原则"，重新修订颁布了《上海市城市规划管理技术规定（土地使用 建筑管理）》。

2003版《上海规定（建筑工程）》与1994版相比，内容变动不是很大，主要框架体系基本保持不变。内容上将1994版《上海规定（建筑工程）》第六章"建筑物的高度控制"更改为"建筑物的高度和景观控制"，增加了一些关于建筑的面宽、层高、景观内容。第七章"建筑基地的绿地"更改为"建筑基地绿地和停车"，增加了绿地面积详细规定和停车要求。在第四章、第五章、第六章、第七章对具体数据指标进行了适当调整。例如1994版《上海规定（建筑工程）》的高层非居住建筑平行布置时的间距，南北向间距不小于南侧建筑高度的0.3倍，且其最小值为18 m；2003版调整为南北向间距不小于南侧建筑高度的0.4倍，且其最小值为24 m，增加了开敞空间，强化了互动、交流和共享。

2003年，"双增双减"作为一项政策写入《上海市城市规划管理技术规定（土地使用 建筑管理）》。"双增"是指增加公共绿地，增加公共活动空间；"双减"是指减少建筑容量，减少建筑层数。这是上海市政府旨在提高建成环境空间质量的重大政策转变。如对内环线以内地区居住建筑容积率最大值由"4"调整到"2.5"，办公建筑容积率最大值由"8"调整到"4"。同时增加了高层居住建筑东西向布置的间距控制指标，高层居住建筑与低、多层居住建筑的间距控制指标，以及高层居住建筑离界距离等。

2. 2011版与2003版《上海规定（建筑工程）》的比较

2011版《上海规定（建筑工程）》是根据2010年12月20日上海市人民政府令第52号公布的《上海市人民政府关于修改〈上海市农机事故处理暂行规定〉等148件市政府规章的决定》修正并重新公布。2011版《上海规定（建筑工程）》与2003版相比基本相同。

3. 2011版《上海规定（控规标准）》与2003版《上海规定（建筑工程）》的比较

2011年以前，上海市在控制性详细规划层面尚无专门的技术标准，规划编制依据的主要文件是2003年发布的《上海市城市规划管理技术规定（工地使用 建筑管理）》。规定包括土地使用和建筑管理两个部分，对规划编制和管理中涉及的主要技术内容进行了规定，但从控制性详细规划编制的需求来看，规定的内容在开发强度、住宅、生态环境、市政公用设施等方面尚不完整，且无法体现城市规划中较为重视的集约发展、以人为本、生态低碳、混合发展等理念和趋势，因此当时的上海市规划和国土资源局组织编制了《上海市控制性详细规划技术准则》，2011年经上海市政府批准，以精细化管理为目标，提升了土地功能复合多元、塑造尺度宜人的公共空间、提高路网密度、优化街坊尺度、鼓励设施综合设置和地下化设计等方面的规划标准，有效提高了控制性详细规划编制的质量。准则通过八项技术专题和二项支撑性专题研究形成全面指导控规编制。八项技术专题分别为土地使用、开发强度、空间管制、住宅、公共服务设施、生态环境、综合交通、市政设施。二项支撑性研究分别是规划实施策略、德国建造规划经验借鉴研究。

4. 2016版与2011版《上海规定（控规标准）》的比较

2016年12月7日，《上海市控制性详细规划准则（2016年修订版）》经上海市政府同意，由当时的上海市规划和国土资源管理局发布实施。自2011年控规准则发布实施以来，指导上海市控规编制800余项，有效推进了控规全覆盖，也提高了控规编制的科学性、规范性。

2016版《上海规定（控规标准）》修订紧扣中央城市工作会议提出的"尊重城市发展规律、强化五个统筹"的城市规划、建设管理的基本要求。呼应《上海市城市总体规划（2017—2035年）》提出"追求卓越的全球城市"的发展目标，结合时代新形势和新要求，与时俱进，进行修订工作。

2016版《上海规定（控规标准）》在原准则基础上重点完善了以下几个方面：

（1）促进土地混合弹性使用，提升城市活力。新增"混合用地"地类，借鉴了新加坡的"白地"，在区位条件最为优越、发展潜力巨大的区域，选取核心地块作为"综合用地"用于商业、办公、住宅、文化等多个用途的混合，实现土地的最佳配置。

（2）加强城市设计和风貌保护，提升空间品质。增加整体层面的总体引导，针对城市建设区，均要求通过整体城市设计研究，明确空间景观框架，提出建筑高度分区、建筑界面、公共空间、风貌保护等总体要求。适度扩大重点地区的范围，在现有"五类三级"重点地区的基础上，增加大型文化、娱乐等重要区域规定做城市设计，并编制附加图则。同时聚焦文化内涵和风貌保护。

（3）营造活力怡人公共空间，促进市民健康。进一步明确小型公共空间设置标准，提出公共空间的底线控制和弹性引导。

（4）提供公平多元的社区服务，完善社区生活圈。对文化、教育、体育等行业规范进行统筹，形成统一标准。以"构建十五分钟社区生活圈"理念为切入点，重点完善社区级公共服务设施内容。

（5）构建舒适便捷的慢性网络，打造开放式街区。"以人为本、公交优先、低碳出行、使用便捷"为基本导向，通过提高路网密度，加强支路建设，优化街坊尺度，打造开放式街区，引导人性化设计和活力街道塑造。

5. 小结

上海城市规划管理规定经历了技术规定的1980版、1989版、1994版、2003版，以及控规标准部分的2011版和2016版。这几个版本的演变体现了上海城市管理紧随时代背景和发展需求进行适时的调整，如 2003 版《上海规定（建筑工程）》的"双增双减"、2011 版《上海规定（控规标准）》的精细化管理、2016 版《上海规定（控规标准）》的"追求卓越的全球城市"，都趋向于"以人为本"，生态、低碳、可持续发展、国际化大都市的城市发展需求。

2.3 深圳城市规划管理规定的演变

2.3.1 深圳规定的不同版本

《深圳市城市规划标准与准则》是指导深圳市城市规划编制、管理和建设的地方性技术标准。依据《深圳市城市规划条例》规定"市政府制定深圳市城市规划标准与准则，作为城市规划编制和规划管理的主要技术依据"，它既是政府部门、设计单位和开发商共同遵守的行为规范，也是完善城市功能、提升市民生活环境质量的可靠保障。

《深圳市城市规划标准与准则》共经历了 1990 版（简称"1990 版《深圳规定》"）、1997 版（简称"1997 版《深圳规定》"）、2004 版（简称"2004 版《深圳规定》"）、2013 版（简称"2013 版《深圳规定》"）和 2018 局部修订版（简称"2018 版《深圳规定》"）五个版本。

2.3.2 不同版本规定的内容简介

1. 1990 版《深圳规定》：体现深圳城市建设规范化管理的先行先试

深圳经济特区成立之后的 20 世纪 80 年代，深圳是一个出口加工区，用地标准等一系列问题亟待得到解决。为了适应改革开放和土地有偿使用的需要，深圳借鉴香港规划经验，于 1989 年制定了 1990 版《深圳规定》，并于 1990 年试行，使得规划标准"从无到有"。可以说 1990 版《深圳规定》作为中国首个指令性地方规划标准，对 20 世纪 90 年代深圳的城市建设起了关键性的指导作用，做到了"先行先试"。[①]

1990 版《深圳规定》属于试行版，主要包括三章内容：第一章总则、第二章用地和第三章公共设施。第一章总则说明了编制《深圳规定》试行版的目的、作用、适用范围、解释权，以及与国家、省相关法规、规范的关系。第二章用地分为七节，主要就城市（镇）、建设用地分类、城市建设主要用地比例和标准、工业用地、居住用地、道路广场用地、配建停车场、绿地等标准进行了规定。第三章公共设施将公共设施分为市、区、居住区和居住小区四级，并针对教育、医疗卫生、行政管理、公安消防、邮政银行、市政公用、商业服务等类型设施的配套建设标准做了规定。

2. 1997 版《深圳规定》：地方性规划技术标准正式颁布

1996 年底《深圳市城市总体规划（1996—2010）》编制完成。根据该规划确定的城

---

① 深圳制定国内首个地方规划标准[N]. 深圳商报, 2013-07-17.

市定位、发展目标和具体安排，结合城市发展水平和发展要求，市规划国土部门组织对1990版《深圳规定》进行了修订，在内容和深度上进行了较大的扩充和修改，形成了1997版《深圳规定》，于1997年3月由市政府以"深圳市地方标准"（标准号为SZB 01—97）的形式正式颁布。

1997版《深圳规定》的内容一共分为十四章，包括第一章总则，第二章城市规划体系，第三章城市用地，第四章居住用地，第五章建筑间距、退让、限高与公共开放空间，第六章公共设施，第七章工业、仓储用地，第八章旧区改建，第九章村庄建设，第十章道路和交通公用设施，第十一章城市绿地，第十二章市政工程，第十三章环境卫生，第十四章城市防灾。

3. 2004版《深圳规定》：统一特区内外规划标准

进入21世纪之后，深圳作为改革开放的试验区和体制创新的基地，要加快发展、率先发展和协调发展，需要在国家标准的基础上进一步提高规划建设标准。《深圳规定》作为地方性标准，必须与修订过的国家强制性规范保持一致。同时，其作为全社会共同遵守的行为规范准则，必须与其他的行业规范标准相协调。在此背景下，2001年初，1997版《深圳规定》的修订工作启动，经过3年的修订历程，至2004年4月颁布2004版《深圳规定》。

2004年版《深圳规定》包括四大部分共十九章：第一章为总则；然后是第一部分为城市用地，包括第二章城市用地分类与标准、第三章居住用地、第四章公共设施、第五章工业用地、第六章仓储用地和第七章城市绿地；第二部分为城市设计与建筑控制，包括第八章城市设计控制原则、第九章居住建筑控制要求、第十章非居住建筑控制要求和第十一章城市地下空间利用；第三部分为道路交通与市政工程设施，包括第十二章交通设施、第十三章给水工程、第十四章排水工程、第十五章电力工程、第十六章通信工程、第十七章燃气工程；第四部分为其他设施，包括第十八章环境卫生和第十九章城市综合防灾与减灾。

4. 2013版《深圳规定》：指导城市规划建设的"标杆"文件

《深圳市城市总体规划（2010—2020）》提出建设"和谐社会的先锋城市，经济发达、社会和谐、资源节约、环境友好、文化繁荣和生态宜居的国际化城市，与香港共建的世界级都市区"的发展目标。深圳面临日益严峻的土地资源匮乏局面、尖锐的人口与资源和环境的矛盾等现实问题，以及经济创新驱动转型、社会建设转型等城市转型发展的新趋势，要求城市规划建设积极应对和探索城市转型发展的新模式。深圳市政府总结2004版《深圳规定》的经验和不足，在吸取国内外相关经验的基础上，按照贯彻落实科学发展观、构建和谐社会的政策要求，结合深圳城市发展新模式和城市建设新技术、新理念，对2004版《深圳规定》进行修订。2013版《深圳规定》自2010年10月开始由深圳市规划和国土资源委员会委托市规划国土发展研究中心开展编制工作，历时3年，于2013年12月由市政府批准发布。

2013版《深圳规定》内容结构包括相对独立的十个大章节，四十三小节和附录。

第一章总则，第二章用地分类与使用，第三章用地规划与布局，第四章密度分区与容积率，第五章公共设施，第六章交通设施，第七章市政设施，第八章城市设计与建筑控制，第九章城市地下空间利用，第十章自然保育、文保和防灾。

2013版《深圳规定》发挥"规土合一"的优势，加强城市规划和土地管理的衔接与融合；以城市发展和规划管理需求为导向，规范土地开发的弹性控制和量化控制要求；探索"刚性＋弹性"条文编写方式，促进精细化规划管理，引导城市规划转型；分类、分区引导土地开发强度的适度提升，促进土地高效利用；集约利用各项设施，节约城市建设用地；鼓励土地混合使用，促进产业升级与转型；合理进行城市更新和地下空间利用，提高土地资源的利用效率和空间潜力；增强自然保育，促进自然生态环境的保护和合理利用；强调能源资源的综合利用，促进节能减排，发展循环经济；积极践行低冲击开发模式，促进低碳生态城市建设。

5. 2018版《深圳规定》：2013版《深圳规定》的局部修订版

2018年12月28日，深圳市规划国土委发布深规土〔2018〕998号函，说明2013版《深圳规定》中关于"密度分区与容积率规划标准"相关条款废止，施行《深圳市城市规划标准与准则》（2018年局部修订），即2018版《深圳规定》。

2018版《深圳规定》相比较2013版《深圳规定》而言，章节结构没有变化，仍为相对独立的十个大章节。即第一章总则，第二章用地分类与使用，第三章用地规划与布局，第四章密度分区与容积率，第五章公共设施，第六章交通设施，第七章市政设施，第八章城市设计与建筑控制，第九章城市地下空间利用，第十章自然保育、文保和防灾。

2.3.3 不同版本规定的相关比较

1. 1997版《深圳规定》与1990版《深圳规定》比较

对比1990版《深圳规定》，1997版《深圳规定》具有六大亮点。

（1）首次明确了城市规划的基本体系并沿用至今。在1997年版《深圳规定》里，深圳将城市规划体系确立为五个层次，即全市总体规划、次区域规划、分区规划、法定图则、详细蓝图。

（2）在全国率先建立完善法定图则编制审批过程，确定了法定图则制度为核心的城市规划体系。1997版《深圳规定》规定,法定图则应对法定分区内地块的土地利用性质、开发强度、配套设施的布置等进行规定。

（3）首次提出建筑间距退让、公共开放空间、骑楼和城市公共通道的建设标准。首次提出高新技术园区的布局标准和核电厂外围的环境与安全保障标准等。对于规划保障公共利益、营造城市风貌，有着重要的意义。

（4）首次将村庄建设和旧区改建纳入《深圳规定》。考虑到深圳旧区和村庄建设的特殊性，提出了旧区改造和村庄建设的特殊标准，使村庄的建设具备了参考依据，对旧区改造提出高标准和新要求，对深圳的城市发展具有深远的影响。

（5）市政工程方面增加了相当部分的内容。参照国际指标，提出较高的市政基础设施配置标准，以保持深圳城市建设在国内的领先水平。

（6）首次提出城市防灾。在后续版本的《深圳规定》中更发展到综合防灾和减灾，城市防灾体系日渐成熟并科学规范。

2. 2004版《深圳规定》与1997版《深圳规定》比较

对比1997版《深圳规定》，2004版《深圳规定》实现了规划理念的跨越，在八个方面做到了创新和突破。

（1）首次统一特区内外规划标准，提升城市整体建设水平。2004版《深圳规定》体现了特区内外一体化发展的规划思路，统一全市规划标准。主要体现在：在内容结构上，取消了"村庄建设"章节；在用地分类方面，取消了村庄建设用地类别；在人均建设用地、公共配套设施、绿化、交通、市政设施建设标准方面，均做到特区内外规划标准的统一。

（2）优化城市用地分类标准。在保留1997版《深圳规定》中十一大类用地框架的基础上，2004版《深圳规定》协调"城市用地分类"和国土资源部于2001年8月颁布的《全国土地分类（试行）》两个标准，建立全市统一的用地分类体系。同时，将原村庄建设用地统一纳入城市用地范畴，按照土地的使用性质分类。保留十一大类用地的基本框架，细化公益性用地分类，粗分商业经营性用地，相应地调整了中、小类用地。

（3）提高公共设施配套标准。2004版《深圳规定》以人口规模为主导，兼顾市、区的行政区划，建立市、区、居住地区、居住区和居住小区五级体系公共设施标准体系，以"居住地区"（10万～15万人）级取代1997版《深圳规定》中的"街道或镇级"；提高并细化了具体相关公共设施配套标准。例如，在教育设施方面，增加了寄宿制高中、九年一贯制学校的规划标准，且普通中学、小学的人均用地指标和建筑面积指标均有提高。社区配套设施方面增加了社区服务中心、社区体育活动场地、社区警务室等。环卫设施方面增加了再生资源回收站。

（4）提高道路建设和停车标准。2004版《深圳规定》建立了高速公路、快速路、主干路、次干路和支路五层次道路体系，并进一步提高了城市道路网密度和道路面积率指标，同时提高住宅及各类学校、医院、公园以及其他公共场所停车位配建标准。

（5）完善优化市政基础设施标准。建立与城市用地分类和建筑类型相联系的负荷预测指标体系，提高规划编制管理的科学性和可操作性。适当减少污水处理场、排水水泵站、变电站等占地面积，体现了集约用地的思想。

（6）提高全市绿化标准。将全市绿地率由40%提高到45%，进一步提高了医院、学校、高新区等单位附属绿地的规划标准。同时，丰富了城市绿地类型，补充了郊野公园、森林公园和风景区规划准则。

（7）控制住宅开发强度。2004版《深圳规定》降低高层住宅容积率控制指标，并要求限制零散用地的开发，其中面积小于3000 m²的零散用地不应单独用于居住用地开发。在住宅间距控制方面，2004版《深圳规定》严格执行国家强制标准（大寒日日照3小时、旧城区不低于1小时），且综合考虑日照、采光、通风、消防、防灾、管线埋设和视觉卫生等要求。

（8）增加城市地下空间利用的规定。2004版《深圳规定》首次将地下空间利用纳入规划的标准与准则范畴之列，并特意增加了"城市地下空间利用"内容。提出："适应城市发展目标，在保护和合理利用资源的前提下，重视综合开发、分层开发以及地下环境条件的改善；强调公共优先、综合规划；近期以浅层空间利用、与地铁相关的地下开发为重点。"充分体现了地下空间利用和人防的结合、资源共享，以及人性化要求的使用原则。

3. 2013版《深圳规定》与2004版《深圳规定》比较

相比于2004版《深圳规定》，2013版《深圳规定》在五个方面进行了创新和突破。

（1）优化城市用地分类，促进市场在资源配置中起决定性作用

2013版《深圳规定》重新构建了城市用地分类，通过简化分级、优化分类、土地混合使用，提高城市规划管理的弹性与效率。用地分类由上版的十一大类、五十三中类、八十小类大幅缩减为九大类、三十一中类（删除小类），进一步增强市场的自主性与活力；积极响应国家创新驱动战略，新增"新型产业用地"（M0）和"物流用地"（W0）等用地类别，支持、促进城市创新发展与产业升级转型。

同时，为了适应深圳城市建设与发展新的形势、特征，重点新增和优化了体现地方特色与创新的部分用地分类，如文化遗产用地（GIC8）。

对土地混合使用的空间区域进行合适的控制与引导，重点鼓励城市各级中心区、商业与公共服务中心区、轨道交通站点服务范围、客运交通枢纽、重要的滨水区等区域土地混合使用，其他区域要进行适当控制。

（2）"分类、分区"管控容积率，促进土地集约利用

以环境容量和城市综合承载力为基础，划定城市密度分区，以《深圳市法定图则编制容积率确定技术指引（试行）》为基础，根据不同使用功能用地对城市建设规模影响程度的差异，提出差异化的容积率确定方法，即通过密度分区确定地块的基准容积率，并通过微观区位条件进行修正，保障了城市规划的科学性和公平性。积极应对高密度发展城市土地资源紧约束的现实，大幅提高了商业、服务业、工业、物流等产业用地的容积率控制上限，支持存量土地的二次开发，增加产业用地容积率弹性，促进产业用地效益的提升；分区调控居住用地容积率，促进居住与就业的相对平衡。

规定城市重点发展和城市更新等地区，为实现公共利益，在满足公共服务设施和交通市政设施等前提下，容积率可适当提高。规划管理部门可通过各类形式的专项规划，以论证容积率提高的技术上的可行性和对城市周边的影响程度，作为决策参考依据。

（3）构建绿色规划与建设标准，促进低碳生态城市建设

国内首次建立"自然保育"的规范标准，明确各类生态资源的保护名录与要求。强调街区自然通风，严格控制通风廊道，推行立体绿化，提高城市的通透性与微循环能力。适应华南低纬度地区、高密度发展城市特征，以"绿化覆盖率"和"透水率"代替"绿地率"，首次构建"透水率"的量化控制标准，让土地自由呼吸。

更加关注公共空间，积极塑造人性化、生态化和特色化的公共空间环境。对公共空

间实行量化控制，还原街道公共场所属性；对步行和自行车环境的舒适性和人性化设计提出了具体控制要求与设计准则。

（4）顺应社会建设的趋势，强化基层社区公共设施与公共空间配置标准

考虑深圳社区化的发展趋势和大型工业区内公共设施的需求问题，设施层级进一步简化明了，公共设施配置级别由"五级"简化为"三级"，将居住地区、居住区、居住小区三级合并为社区级公共设施，配置模式由行政级别导向转变为人口规模导向，设施类型由大型、市区级设施向小型、基层设施倾斜。

对公共空间实行量化控制，每个项目控制5%～10%用地面积设置独立公共空间，提升城市空间品质。

适应人口变化趋势，细化公共设施门类。新增社区老年人日间照料中心，调整养老院服务类型，应对人口老龄化趋势；优化文化活动中心和文化活动室配置设施和功能，适应各类人口文化活动需求。

文体设施方面，调整综合体育活动中心服务人口规模，明确社区体育活动场地在建筑架空层或屋顶平台的配置要求；教育设施方面，新增职业教育的布局要求，取消30班初中，增加48班初中；医疗卫生设施方面，降低门诊部最小建筑规模，细化社区健康服务中心的建筑布局要求；社会福利设施方面，细化社区老年人日间照料中心的建筑布局要求。

发挥土地利用效益，引导公共设施功能混合、高效集约运行。转型时期深圳市所面临的"土地资源稀缺"问题已成为制约城市发展和城市规划实施的重要因素之一，深圳市必须将城市发展的内涵由量的扩张转向质的提升，物质空间上则主要表现为土地有效供应和高效利用。混合、高效的公共设施，集约、紧凑的公共活动中心成为公共设施未来发展的趋势。

（5）反思"以车为本"的交通规划思路，构建绿色综合交通体系

专门新增"步行和自行车交通"规划标准，充分保障步行、自行车及公交的路权优先。新增针对不同等级道路规划标准。

表2-1 2013版《深圳规定》不同等级道路规划标准统计表

道路等级	机动车条数	单条车道一般宽度/m	单条车道最大宽度/m
高速公路	宜为双向4条～8条	3.50	3.75
快速路	宜为双向6条～8条	3.50	3.75
主干路	宜为双向6条	3.25	3.50
次干路	宜为双向4条	3.25	—
支路	双向2条	3.25	—

调整规划路网密度，次干路和支路密度标准比上版提高30%～40%，由"宽而疏"向"窄而密"的方向发展。调整全市停车位配建理念与方法，从"需求导向"转变为"供应导向"，重新划分深圳市停车供应区域，构建三层级的"分类、分区"停车位配建标准，进一步完善停车配建指标。

表 2-2 2004 版《深圳规定》与 2013 版《深圳规定》道路等级所对应的道路网密度与道路宽度对比表

道路等级	道路网密度		道路宽度 /m	
	2004 版	2013 版	2004 版	2013 版
高速公路	0.3～0.4	0.3～0.4	35～60	35～60
快速路	0.4～0.6	0.4～0.6	35～80	35～80
主干路	1.2～1.8	1.2～1.8	25～60	25～50
次干路	1.6～2.4	2.1～3.2	25～40	25～35
支路	5.5～7.0	6.5～10	12～30	12～20

（6）完善市政设施相应标准

适应城市资源紧缺和高强度开发条件下市政建设新要求，落实国家级省市关于城市发展的新理念，以促进城市逐步向低碳低冲击发展模式过渡；吸纳近年市政专项规划和专题研究的最新成果及结论，以引导市政设施结合深圳实际发展。

重点完善了市政负荷预测指标，优化了市政设施用地标准，增补了低冲击开发、本地资源综合利用等绿色低碳新理念和新技术的规划要求。

积极践行低冲击开发模式，强调能源、资源的综合利用。新增"本地资源的综合利用"，涵盖雨洪、再生水、海水、太阳能、风能和环境热能综合利用的相关内容，大力推进环卫的低碳转型，新增环境园、固废资源化的相关内容。

集约高效，调整市政设施的用地指标及建设要求。大部分设施用地较 2004 版《深圳规定》均有不同程度的减少；在通信业务机楼等方面尝试开展市政设施的共建共享和综合利用。在传统重视地面设施管理的同时，强化地下设施管理，新增地下市政设施的建设要求，加强地下空间利用。

提升质量，提高部分市政设施设计和配置标准。完善了基于密度的市政负荷预测指标，设施配置由"用地导向"向更加精细的"密度导向"转变；提高部分市政设施设计和配置标准，提升了市政设施的整体承载能力；针对通信、燃气环卫等系统发生较大调整的市政专业，同步新增相关设施的规划和管理要求。

（7）完善城市地下空间利用体系

在 2004 版《深圳规定》基础上对地下空间体系进行完善优化，优化土地分类，增补地下空间功能类别，对各类地下空间规划设计准则和具体标准进行规定。

将 2004 版《深圳规定》中地下空间内容整合为"9.2 地下空间功能与设施、9.3 地下空间附属设施"，使地下空间功能类别更加清晰，地下空间利用体系更加完善。

结合轨道站点进行包括商业、休闲、娱乐、餐饮等多种功能的地下空间开发，各功能应统筹考虑，实现功能互补和空间的有效组织。

构建地上、地面、地下一体化、联系紧密的立体空间系统，特别强调步行网络的连续性和可达性。划分地下空间利用分区。鼓励利用岩洞、地下空间建设适合的市政设施、工业仓储，促进土地集约利用。明确分层利用及相互避让原则，以指导地下各项设施的管理与建设。

（8）增加文保内容，突出城市历史文化特色

提出了各类文化遗产保护的相关要求，包括文化遗产保护对象的界定，保护线与控制线落实与划定的标准、准则与程序；确定保护线内用地性质、开发强度、道路交通、市政工程、防灾和环境保护、城市更新和其他建设活动的规划控制准则，以及控制线内相关建设活动的规划控制准则；对暂未获正式认定的需保护对象处理准则等内容进行统一和规范。

（9）强化对城市基本生命线的保障

为加强城市安全，重点增加了地质灾害防治、应急避难场所两方面的规划与建设要求。在延续2004版《深圳规定》综合防灾减灾的基础上，进一步完善综合防灾减灾的一般准则、消防、人防、防震减灾、防洪（潮）、民用核设施环境与安全保障等内容。

2013版《深圳规定》指导了法定图则、城市更新等约一百项规划的编制、审批与管理工作，以及《深圳市建筑设计规则》《深圳市法定图则编制技术指引》等十余项标准规范政策的制定。作为指导城市规划建设的"标杆"文件，2013版《深圳规定》促进了深圳绿色低碳、集约紧凑发展，提升了城市环境质量，推动了深圳迈向国际化创新型城市。

4. 2018版《深圳规定》与2013版《深圳规定》比较

相比于2013版《深圳规定》，2018版《深圳规定》主要修改了第四章"密度分区与容积率"一个章节的主要内容和第五章"公共设施"中的部分内容。

（1）"密度分区与容积率"章节主要对城市各类用地密度指引、容积计算、地块修正系数等重要内容进行了一定的调整。

a. 城市密度分区（图2-1、图2-2）

在2013版《深圳规定》六个等级密度分区的基础上变更为五个分区。将原"城市特殊地区"不纳入密度分区中，可"通过开展专题研究，按程序批准确定"。

b. 各类地块容积率

居住用地密度三区和四区基准容积率上调，如密度三区基准容积率由2.8调整为3.0，密度四区基准容积率由2.2调整为2.5；商服用地、工业用地和物流仓储用地取消容积率上限。

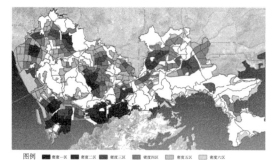

图2-1 2013版《深圳规定》密度分区指引图

图片来源：http://www.upssz.net.cn/newsinfo_803_4280.html

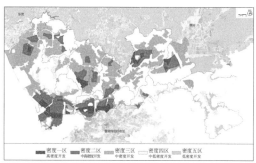

图2-2 2018版《深圳规定》密度分区指引图

图片来源：http://pnr.sz.gov.cn/xxgk/gggs/201901/
P020190103651931696921.jpg

c. 改变地块规模和地铁站点的修正系数。

（2）"公共设施"章节主要对派出所、教育设施、社区健康服务中心和社区老年人日间照料中心的规划指标进行局部修订。

如对派出所用地面积由 1500～2000 m²/处调整为 3000～6000 m²/处，取消九年一贯制学校 54 班等级及其建筑规模的规定。

5. 小结

各版《深圳规定》的施行，都在不同阶段为深圳的城市建设和规划管理做出了积极的贡献。当城市发展条件和模式等发生了一系列变化时，对规划编制和管理工作将会提出新的要求。《深圳规定》的动态修订过程（图 2-3）说明其在不断的发展和创新，让城市规划、建设和管理工作做到切实可行。

图 2-3　《深圳规定》的动态修订过程

3

相关规划管理技术规定的概念解析

3.1 相关概念的解析

北京、上海、深圳三大城市相关的规划管理技术规定文件有不同的名称。分别为《北京地区建设工程规划设计通则》《北京地区城市规划管理守则（修编）》《上海市城市规划管理技术规定（土地使用 建筑管理）》《上海市控制性详细规划技术准则》《深圳市城市规划标准与准则》。在概念上整体分为两类：第一类，按照文件名称前半部分包含的概念包括建设工程规划（北京）、城市规划管理（北京、上海）、城市规划（深圳）；第二类，按照文件后半部分包含的概念包括设计通则和管理守则（北京）、技术规定（上海）、技术准则（上海）、标准与准则（深圳）。

3.1.1 第一类概念解析

"城市规划"的定义：城市规划的概念在《城市规划基本术语标准》中表述为：对一定时期内城市的经济和社会发展、土地利用、空间布局以及各项建设的综合部署、具体安排和实施管理。[①]

孙施文在《城市规划哲学》中指出，"城市规划"，从字面上可以将其划分为两部分：一是"城市"，一是"规划"。"城市"是对象，尽管城市规划有其自己的对象领域，而且只是城市这个大概念中的一部分，它只限定了城市规划作用的范围和领域。"规划"是行动，是针对城市规划的对象所采用的方式、方法，也是城市规划得以存在和发挥作用的最根本内容。因此，城市规划的精义应当说存在于"规划"之中。就是为实现一定目标而预先安排行动步骤并不断付诸实践的过程。城市规划也就是针对特定对象而展开的一个过程。并具有事实性、过程性、实践性、概率性、发展性五大特征。[②]

"城市规划管理"的定义为城市规划编制、审批和实施等管理工作的统称[③]，也称为"政府为了促进城市经济、社会、环境的全面、协调和可持续发展，依法制定城市规划并对城市规划区内的土地使用和各项建设进行组织、控制、协调、引导、决策和监督等管理活动的过程"[④]。

"建设工程规划"指为人类生活、生产提供物质技术基础的各类建筑物和工程设施的统称，包含建筑工程、道路及市政管线等。[⑤]

3.1.2 第二类概念解析

"守则"是指某一社会组织或行业的所有成员，在自觉自愿的基础上，经过充分的讨论，达成一致的意见而制定的行为准则，具有约束性和规范性的特点，但不具备直接的法律制约作用。

---

① 中华人民共和国建设部. 城市规划基本术语标准：GB/T 50280—98[S]. 北京：中国建筑工业出版社,1999.

② 孙施文. 城市规划哲学[M]. 北京：中国建筑工业出版社,1997.

③ 中华人民共和国建设部. 城市规划基本术语标准：GB/T 50280—98[S]. 北京：中国建筑工业出版社,1999.

④ 耿毓修. 城市规划管理[M]. 北京：中国建筑工业出版社,2007.

⑤ 全国城市规划执业制度管理委员会. 城市规划原理[M]. 北京：中国计划出版社,2011.

其中，"设计通则"与"管理守则"是指设计行业（建筑设计等）共同遵守的公则、公例，指普遍适用的规章或法则。

"技术规定"的定义：各地通过对城市不同区域、地段的建筑间距、后退道路距离、建筑规划设计要求、市政工程及公益性基础设施配套标准等城市规划主要控制要素做出具体化、强制性规定，进一步规范建筑、规划设计和管理行为，逐步建立城市规划法制化管理制度的具体措施，更是当地城市规划建设必须遵循的通则。

"技术准则"的定义：基于原则的基础上，详细地对具体工程的具体标准和概括。

"技术标准"的定义：为了在一定的范围内获得最佳秩序，经协商一致制定并由公认机构批准，共同使用的和重复使用的一种规范性文件。①

3.1.3 第一类概念在城市规划管理体系中的位置

以上三个概念在我国城市（乡）体系中的位置如图 3-1 所示。

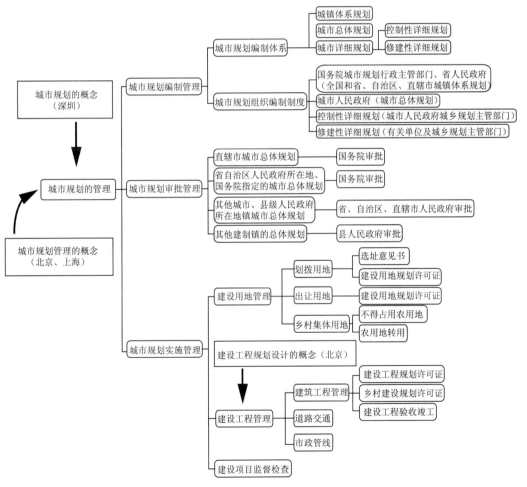

图 3-1 城市规划管理体系框架

① 中国国家标准化管理委员会.标准化工作指南 第1部分：标准化和相关活动的通用术语：GB/T 20000.1—2014[S].北京：中国标准出版社,2015.

3.1.4 三大城市相关技术文件的归类

由上文对三大城市相关的技术规定标题所涉及的概念进一步解析后，我们可以发现：

1. 所涉及的对象略有不同：《北京地区建设工程规划设计通则》《北京地区城市规划管理守则（修编）》涉及城市规划管理体系中的"城市规划管理"与"建筑工程规划"部分。上海的两个文件：《上海市城市规划管理技术规定（土地使用 建筑管理）》应用对象为"城市规划管理"，《上海市控制性详细规划技术准则》应用对象是城市规划编制管理中的控制性详细规划。《深圳市城市规划标准与准则》涉及的对象为"城市规划"，更加宽泛。

2. 文件的属性略有不同：北京称为"设计通则和管理守则"，其普适性更加宽泛；上海称为"技术规定"，强制性略强；深圳称为"标准与准则"，强制性最弱。

下文中，我们将这些文件统称为"北京规定""上海规定（建筑工程）""上海规定（控规标准）""深圳规定"。

3.2 相关规定的总则比较

三大城市相关规定在其"总则"中对该规定制定的目的、意义、适应范围、适应对象以及相关效力等都做出了明确的说明。

结合这些规定本身所涉及的概念综合分析来看，我们发现这几份文件的差别较大。

北京规定：《北京地区建设工程规划设计通则》《北京地区城市规划管理守则（修编）》，适用于建设工程的规划设计、规划申报、规划审批，有一定的强制力。

上海规定（建筑工程）：《上海市城市规划管理技术规定（土地使用 建筑管理）》，适用于各项建设工程。但是各项建设工程建设要以批准的详细规划为准，无批准的以分区规划、新城总规、中心镇总规和本规定执行。因此上海规定偏向于指导性，强制性较弱。本规定以指导建筑管理为主。

上海规定（控规标准）：《上海市控制性详细规划技术准则》，适宜上海市主城区、新城、新市镇镇区等集中城市化地区控制性详细规划的编制和应用。

深圳规定：《深圳市城市规划标准与准则》，适用于城市规划编制和城市规划管理。本标准和准则实行动态修订，保障适用性和超前性。其中规划管理涉及面较广，属于综合型内容，涉及用地使用、用地布局、建设工程、公共设施、地下空间、城市设计、自然保育和防灾等内容。

3.3 相关规定的目录内容比较

3.3.1 北京规定与深圳规定目录内容比较

1. 第一类：有交集，相同或相似之处

（1）用地分类

北京规定中用地分类采用大类、中类和小类，共分为十七大类、五十八中类、七十四小类；且在 2013 年北京出版了地方标准《城乡规划用地分类标准》（DB 11/996—2013），采用六十五主类和七十八小类的分类体系。

深圳规定中采用大类和中类两个层次的分类体系，共分为九大类、三十一中类。适于城市特点和发展需求。

（2）建筑密度、容积率

北京规定主要以计算方法为主。深圳规定中规定了各类用地的密度分区以及对各类地块的容积率指引。

（3）建筑控制

北京规定主要对建筑的高度、退线退界、间距及日照和建筑节能方面给出了控制要求。

深圳规定结合城市设计内容，对建筑的高度、退线退界、间距和日照及空间形态方面给出控制指标及指导建议。

（4）居住公共服务设施

北京规定中划分街区级、社区级、建设项目级三级系统，分别给出各类公共设施的配建指标。

深圳规定按市级、区级和社区级三级配置，给出各类公共设施的配建指标和布局准则。

（5）交通设施

北京规定中包含城市道路交通、公路交通、城市轨道交通、铁路、交通枢纽、公共汽（电）车、加油加气站及停车场（库）的技术要求。

深圳规定中包括公共交通、步行和自行车交通、道路交通、公共加油（气）充电站和机动车停车场（库）等方面的技术要求。

（6）市政设施

北京规定中包括防洪及河道治理、给水、污水、雨水、再生水、热力、燃气、输油系统、供电、通信工程、环境卫生设施、能源综合利用、管线综合等各类市政设施的管网排布要求及原则。

深圳规定中包括给水、排水、电力、电信、燃气、本地资源综合利用、环境卫生和管线综合等方面各项控制要求及规划标准。

（7）地下空间

北京规定中包括地下空间开发原则、规划设计要求、工程设计要求等内容。

深圳规定包括基本准则、地下空间功能与设施、附属设施等内容。

（8）城市设计

北京规定中的重点是明确要求与控规规划管理衔接，给出与控规审批一致的审查程序；划分重点风貌区，弱化了对公共空间和建筑设计要素的具体控制方式；但本质上是将城市设计落实到控规层面上。

深圳规定中前三个小章节即城市总体风貌、城市景观分区、街区控制分别与城市总体规划、控制性详细规划、单独或若干地块的规划编制相对应，将城市设计贯穿于整个规划编制体系中，并指导建筑设计；从城市设计的思维角度对街道空间、街道设施、建筑的退线、退界、界面、高度等提出具体指导要求和控制方法，而并没有提出其与控规等法定程序的衔接。

（9）文化遗产保护

北京规定中包含文物保护单位及具有保护价值的建筑的保护要求、历史文化保护区（历史文化街区）规划设计要求、北京历史文化名城保护规划设计要求。

深圳规定中主要针对历史文化明村（镇）、历史风貌区和历史建筑三类文化遗产提出保护原则及相应规定。

（10）综合防灾

北京规定中主要对城市的防洪及蓄滞洪区提出相应规定。

深圳规定中主要针对城市消防、人民防空、防震减灾、地质灾害防治、城市防洪防潮、重大危险设施灾害防治、应急避难场所等方面提出相应的原则和规定。

2. 第二类：各自独立，没有交集之处

北京规定单独含有如下内容：

（1）城镇规划管理（规划管理事项办事程序、规划管理事项办理内容、规划监督检查）；

（2）村庄规划管理（村庄建设工程管理、村庄规划建设的监督检查）；

（3）用地性质与建筑性质的匹配（详细列举各类用地性质与对应的建筑类型）；

（4）规划五线（给出道路红线、城市紫线、城市绿线、城市蓝线、城市黄线的定义）；

（5）建设项目用地规划要求（建设用地性质、建设用地位置和范围、建设用地面积和代征面积、道路定线与用地锭桩）；

（6）建筑节能与建筑节水（给出建筑节能与节水方面的设计规范）；

（7）无障碍设计（给出无障碍设计包含的范围）。

深圳规定中单独含有如下内容：

（1）生态保育（指出自然保育区及相应规范）；

（2）用地布局（明确城市用地布局总体要求，提出居住、工业、仓储、绿地与广场等四类主要用地布局的具体要求）。

3.3.2　上海规定（建筑工程）与上海规定（控规标准）目录内容比较

1. 第一类：有交集，相同或相似之处

（1）用地区划分类

上海规定（建筑工程）用地建设参照《城市用地分类与规划建设用地标准》（GBJ 137—90）分类，分了居住用地、公共服务设施用地、工业用地、仓储用地、市政设施用地和绿地共六类，同时给出"各类建设用地适建范围表"。

上海规定（控规标准）在《城市用地分类与规划建设用地标准》（GBJ 137—90）分类基础上进行了调整，城市建设用地分为十一个大类、五十个中类、五十四个小类，同时给出混合用地要求。

（2）建筑容量控制

上海规定（建筑工程）给出部分基地在特定大小、中心城内外以及明确在未编制详细规划的前提下，居住、商业办公、工业建筑的建筑密度和容积率控制要求。

上海规定（控规标准）以上位规划确定的建设总量为依据，对全市各区域的开发强度进行控制，开发强度通过强度区、街坊强度和地块容积率结合进行控制。依据强度区对街坊基本强度或者特定强度进行确定。例如中心区通过轨道交通服务水平、公共服务设施水平，或其他发展条件确定强度区。容积率控制结合市场需求更加紧密。

（3）建筑物退让

上海规定（建筑工程）内容较为详细，给出建筑基地边界和沿城市道路、公路、河道、铁路、轨道交通两侧及电力线路保护区范围内的建筑物的退让距离的规定和要求。

上海规定（控规标准）将建筑物退让称作"建筑界面"。其中内容也较为简单：只给出建筑控制线退让道路红线；大流量、车流集散地块，面临城市道路主要出入口的建筑控制线与道路红线的控制距离；以及建成区地块建筑控制线与相邻地建筑的退界等。

（4）建筑高度控制

上海规定（建筑工程）中相关内容较为详细：涵盖了中心城区住宅（高层、多层、低层），净空高度控制的周边建筑物的限制规定，文物保护单位、保护建筑的高度控制规定，以及沿城市道路两侧新建、改建的建筑控制规定。

上海规定（控规标准）中相关内容较为简略：提出高度采用分区控制方式，给出高度分区表；郊区城镇的高度控制基本要求；航空港、电台、电信等净空控制的基本规定；以及街道空间与道路红线、河道与建筑的控制比值。

（5）景观控制

上海规定（建筑工程）中内容较为简单，只涉及视线分析。

上海规定（控规标准）中内容相对较多，有规划导向、空间景观构架，包含城市空间结构、景观形象和环境特色的整体构架。同时对重点地区进行分类以及有附加图则的控规指标。

（6）建筑基地停车

上海规定（建筑工程）对建筑基地停车要求内容较为简单，提出新建建筑基地的停车配置应符合交通设计及停车库设置标准等规定。

上海规定（控规标准）中称建筑基地停车为静态交通，内容相对较多，给出住宅建筑机动车停车配建标准和公共停车场（库）的具体配置要求和规定。

2.第二类：各自独立，没有交集之处

上海规定（建筑工程）单独含有如下内容：

（1）建筑间距：具体为居住建筑与居住建筑平行布置时的间距、居住建筑与居住建筑垂直布置的间距、居住建筑与居住建筑非平行也非垂直布置时的间距；

（2）特定区域：整体包括中央商务区（主要公共活动中心—市级中心和市级副中心、规划保留保护区）、大型公共绿地、旅游风景区、其他重点地区；

（3）附表：各类建设用地适建范围表（规定了各类用地中允许建设的项目）；建筑密度控制指标表。

上海规定（控规标准）单独含有如下内容：

（1）空间管制：包含规划导向、建筑界面、公共空间、风貌保护、地下空间及其他等内容；

（2）住宅：包含规划导向、基本要求及具体标准（二类、三类住宅组团用地内设置三种及以上住宅套型的标准规定）；

（3）公共服务：含规划导向、基本要求、区级公共服务设施、社区级公共服务设施、基础教育设施等内容；

（4）生态环境：含规划导向、基本要求、生态建设、防护距离等内容；

（5）综合交通：含道路系统、轨道交通系统、交通枢纽、常规公交、出租车、加油（气）站、慢性系统和地块机动车出入口控制等内容；

（6）市政设施：含给水、污水、雨水、供电、燃气、通信、邮政、环卫、水系和市政设施的设置方式等内容；

（7）防灾避难：含防洪除涝、消防、应急避难场所等内容；

（8）规划执行：含控制性详细规划执行适用规定、地块边界适用、土地适用、容积率适用、建筑高度适用等相关规定。

3.3.3 深圳规定与上海规定（控规标准）目录内容比较

1.第一类：有交集，相同或相似之处

（1）用地分类

上海规定（控规标准）中按照土地性质分类，城市用地包括城乡建设用地、农用地、水域和其他未利用土地。在《城市用地分类与规划建设用地标准》（GBJ 137–90）分类基础上进行了调整，城市建设用地分为十一个大类、五十个中类、五十四个小类，同时给出混合用地要求。

深圳规定基于深圳城镇化水平达到百分之九十多，所以土地按照城市用地分类，采用大类和中类两个层次的分类体系，共分为九大类、三十一中类。

（2）开发强度

上海规定（控规标准）以上位规划确定的建设总量为依据，对全市各区域的开发强度进行控制，开发强度通过强度区、街坊强度和地块容积率结合进行控制。

深圳规定中给出密度分区和容积率控制，含有城市密度分区、地块容积率、各类用地密度分区、修正系数、特定地区的密度分区、地块容积及容积率内容。

（3）公共服务设施

上海规定（控规标准）中公共服务设施内容包括规划导向、基本要求、区级公共服务设施、社区级公共服务设施、基础教育设施具体配置要求等内容。

深圳规定中公共服务设施内容包括分级分类标准、布局准则、市级和区级公共服务设施、社区级公共服务设施、公共服务设施混合设置。

（4）综合交通

上海规定（控规标准）中包含道路系统、轨道交通系统、交通枢纽、常规公交、出租车、加油（气）站、静态交通、慢性系统和地块机动车出入口控制等内容，更加全面，涵盖面广。

深圳规定只提到交通设施：包含公共交通、步行和自行车交通、道路交通、机动车停车场（库）及公共加油（气）站、充电站等内容。比上海技术准则内容覆盖面小。

（5）市政设施

上海规定（控规标准）中的相关内容包括给水、污水、雨水、供电、燃气、通信、邮政、环卫、水系和市政设施的设置方式等。

深圳规定中含给水工程、排水工程、电力工程、通信工程、燃气工程，以及本地资源的综合利用、环境卫生、管线综合等内容。

（6）地下空间

上海规定（控规标准）的相关内容较为简单，只是提出地下空间开发浅表层、中层的深度控制，地下空间退让道路红线和地块边界的距离要求，地下人行通道的宽度和地下步行系统、轨道交通站点出入口要求及公共活动中心区的衔接。

深圳规定中包括地下空间准则、功能与设施（地下交通空间、地下商业空间、地下市政设施空间、地下公共服务空间）；地下空间的附属设施内容。内容相对上海技术准则，涵盖内容较多。

（7）防灾避难

上海规定（控规标准）中包含防洪除涝、消防、应急避难场所等。

深圳规定中包含基本准则、城市消防（含消防站分类、消防站设施指标、消防站具体规定）、城市人民防空、城市防震减灾、城市防洪防潮、城市民用核设施环境与安全保障、重大危险设施灾害防治、应急避难场所等内容。

2.第二类：各自独立，没有交集之处

（1）上海规定（控规标准）中单独含有的内容

上海规定（控规标准）内 "住宅"章节位于此准则的第六大章节，主要内容分为规划导向、基本要求和具体要求三个小的章节。结合上海城市人口密度特点，保证合理的住宅开发量与居住人口，引导适宜的人口密度，确保城市活力，鼓励建设中小套型住宅，提倡面向不同社会群体的住宅混合布局，避免过低的人口密度和住宅套密度。提出了住宅套型、套建筑面积以及人均住宅建筑面积标准，为居住人口规模预测提供依据。

（2）深圳规定中单独含有的内容

a.密度分区

在深圳市城市总体规划的指导下，结合深圳市容积率管理实践与经验，按照生态优先、集约发展的原则，根据功能定位、区位条件、生态环境、城市风貌、公共服务、交通市政条件和资源承载力等综合确定用地开发强度的空间分布。预测并提出城市发展空间密度布局和用地开发强度控制要求，将城市建设用地密度分区分五个等级，并对应各类用地的密度分区给出基准容积率及上限容积率的控制要求。

b.城市设计

城市设计与建筑控制位于深圳规定的第八章，分为城市总体风貌、城市景观分区、街区控制、地块与建筑控制四个小的章节。

区别于其他城市对建筑工程方面独立设置的建筑退界间距等指标控制体系，深圳规定把对建筑方面的控制与城市设计相结合，以城市设计的思维角度、城市可识别性的高度对街道空间、街道设施，以及建筑的退线、间距、面宽、立面等相互结合提出相应的指导要求和控制，从而达到强化城市组团风貌，营造人性化、生态化和特色化公共空间的目的。（表3-1）

表3-1　三大城市技术规定目录内容比较汇总表

涵盖内容	北京规定	上海规定（建筑工程）	上海规定（控规标准）	深圳规定
土地使用、用地分类	√	√	√	√
建筑退线退界	√	√	—	√
建筑间距和日照	√	√	√	√
容积率控制	√	√	√	√
建筑密度控制	√	√	√	√
绿地广场	√	√	—	√
建筑形态控制（面宽、高度等）	—	√	√	√
建筑面积计算方法	√	√	√	√
交通组织、出入口	√	—	√	√
停车配建、停车场（库）	√	—	√	√
道路交通规划设计要求	√	—	√	√

涵盖内容	北京规定	上海规定（建筑工程）	上海规定（控规标准）	深圳规定
市政设施	√	—	√	√
文保、历史文化名城保护	√	—	√	√
防灾减灾	√	—	√	√
城市总体风貌（风貌分区、重点区域）	√	—	√	√
公共空间	—	—	√	√
建筑立面（色彩及材料）、顶面	—	—	—	√
除技术部分外，包含管理/程序部分	√	—	√	—
用地兼容性/混合使用控制	—	—	√	√
用地规划与布局准则、要求	√	—	√	√
绿地率控制	√	—	—	—
步行和自行车交通配建	—	—	√	—
加油加气站配置	√	—	√	√
各交通绿化隔离带要求	—	√	√	—
公共设施配建指标	√	—	√	√
地下空间	√	—	√	√
建筑高度具体控制	—	—	√	√
建筑节能	√	—	—	—
无障碍设计	√	—	—	—
空中连廊	—	√	—	—
自然保育	—	—	—	√
城市设计要素分类及含义	√	—	—	—
街道设施（除绿化外）	—	—	—	√
建筑景观照明	—	—	—	√
贴线率	—	—	√	—
视线通廊	—	—	—	√
明确城市设计与规划管理的衔接	√	—	—	—

注："√"表示涵盖此部分内容

3.4 小结

本章通过对三大城市相关的规划管理技术规定进行初步比较：第一步从各自标题中涉及的不同概念进行解析；第二步对各自规定的总则包括适用对象、效力范围以及在城市规划管理体系中的涵盖范围进行解析；第三步对各规定的目录内容进行比较，进一步认识到三大城市相关规定应该是"异大于同"。

（1）属性与效力略有不同。北京规定含有程序篇和技术篇，属于综合型规定，有一定的强制性。上海规定（建筑工程）属技术型规定，主要偏向于规划工作体系中规划实施管理，有一定的强制性。上海规定（控规标准）全称为《上海市控制性详细规划技术准则》，用于指导控制性详细规划的编制和应用，同样具有强制性。深圳规定，适用于城市规划编制和城市规划管理，且标准和准则实行动态修订，强调技术标准，不具备强制性。

（2）城市设计内容的独特性。北京规定中的城市设计内容指出了重点控制地区，罗列了城市设计要素，重点明确要求与控规规划管理衔接，给出与控规审批衔接的审查程序，所以本质上是将城市设计落实到控规层面上。深圳规定中城市设计内容大致分为三个层次：一是城市总体风貌对应城市总体规划；二是城市景观分区对应城市控规；三是街区控制对应单独或若干地块的规划编制，并与"建筑控制"相对接，即将城市设计贯穿于城市整个规划编制体系中，并指导建筑设计，但没有落实管理程序，而是注重引导和控制。

（3）上海的两个规定体现规划编制与建设管理既分离又统一的思路。抓住《中华人民共和国城乡规划法》中明确"控制性详细规划"法律地位，突出控规编制技术规定的强制性，而相对弱化建设管理，仅做一定的覆盖即可。显示出上海市城市规划管理已经进入到"统一规划、依法建设"的新阶段，可以为以后空间规划创新提供思路。

（4）北京规定与目前城市各规划体系对应最全，涵盖面最广，是最具完备性且最有强制性的技术规定。

（5）深圳规定最富有创新精神，把城市设计纳入城市规划编制中来，同时强调法规的动态调整，是城乡规划推动城市发展经济建设思路的集中反映，同样可以为空间规划的创新提供思路。

4

土地分类与使用比较

4.1 北京规定中城乡用地分类标准的解读

4.1.1 国家《城市用地分类与规划建设用地标准》（GB 50137—2011）与北京规定内城乡用地分类标准总体内容的比较

《城市用地分类与规划建设用地标准》（GB 50137—2011）（自 2012 年 1 月 1 日起实施，以下简称"11 版国标"），分为城乡用地分类和城市建设用地分类两大部分，城乡用地分为两大类、九中类、十四小类，城市建设用地分为八大类、三十五中类、四十三小类。

北京规定内的城乡用地分类标准（简称"京标"），是位于北京规定中技术篇第一章节"城乡用地"内的主要内容，用地分类采用大类、中类和小类，共分为十七大类、五十八中类、七十四小类。

北京在 2013 年出版了北京市地方标准《城乡规划用地分类标准》（DB 11/996—2013），与京标的大致区别在于：减少大类，只分主类和小类；少量用地代码改变（采矿用地代码由 N 改为 H5、保护区用地代码由 C 改为 P），减少部分中类（M5、B5）；增加部分内容（C 类村庄用地的表述）。本文主要以 2012 版北京规定中的城乡用地分类标准［《北京地区建设工程规划设计通则》《北京地区城市规划管理守则》（2012），简称"京标（2012）"］为比较对象。

总体来看，11 版国标和京标两套分类标准里面，居住用地（R）、公共管理与公共服务用地（A）、商业服务业设施用地（B）、绿地与广场用地（G）、道路与交通设施用地（S）、公用设施用地（U）、工业用地（M）、物流仓储用地（W）、村庄建设用地（H14）、其他建设用地（H9）、非建设用地（E）等大类用地名称和代码基本一致；而中类和小类存在部分差异，京标内特殊用地（D）、采矿用地（N）、区域交通设施用地（T）除用地代码与 11 版国标不同外，内容表述上大致相同；同时京标增加了保护区用地（C）、多功能用地（F）、待深入研究用地（X）的内容和代码。

11 版国标与京标均使用大类、中类和小类的分类方式，本文将主要对两套用地分类体系的大类和中类进行比较，局部对小类的差异进行补充。

4.1.2 11 版国标与京标分项内容的比较

1.公共管理与公共服务用地（A）

关于公共管理与公共服务用地（A），京标与 11 版国标分类内容多数是一致的，如行政办公用地（A1）、文化设施用地（A2）、教育科研用地（A3）、体育用地（A4）、医疗卫生用地（A5）、社会福利设施用地（A6）、文物古迹用地（A7）、宗教用地（A9）在分类和内容表述上基本相同。

而对于 11 版国标中外事用地（A8），京标采用了新的一类代码 D2，除代码的不同外两者表述内容基本一致。

另外京标新增社区综合服务设施用地（A8）指街道及以下级别的社区综合管理服务设施用地，包括社区文化体育、社区商业服务、社区管理服务等设施；保护区用地（C）指历史文化街区以及根据需要划定的、具有历史文化价值地区内的居住、商业、商务等用地，可以理解为是对11版国标文物古迹用地（A7）的补充和深化。（详见表4-1）

2.商业服务业设施用地（B）

11版国标和京标分类体系内商业设施用地（B1）、商务设施用地（B2）、娱乐康体设施用地（B3）在中类分类和内容表述上基本相同，而京标在B2的小类中新增研发设计用地（B23）。

京标内其他服务设施用地（B9）所指内容包含11版国标中公用设施营业网点用地（B4）和其他服务设施用地（B9）两部分内容。而京标新增综合性商业金融服务业用地（B4）（指"集商业、金融、办公、服务、娱乐等内容为一体的设施用地"）和旅游设施用地（B5）（指"以外来旅游者为主要服务对象、独立地段的提供信息咨询等基本服务的设施用地"）。（详见表4-2）

表4-1　11版国标与京标公共管理与公共服务用地代码及内容对比表

11版国标（2011）			京标（2012）		
用地代码	用地名称	内容及范围	用地代码	用地名称	内容及范围
A1	行政办公用地	党政机关、社会团体、事业单位等办公机构及其相关设施用地	A1	行政办公用地	党政机关、社会团体、行使行政职能的事业单位等办公机构及其相关设施用地
A2	文化设施用地	图书、展览等公共文化活动设施用地	A2	文体设施用地	图书、展览等公共文化活动设施用地
A3	教育科研用地	高等院校、中等专业学校、中学、小学、科研事业单位及其附属设施用地，包括为学校配建的独立地段的学生生活用地	A3	教育科研用地	高等院校、中等专业学校、基础教育、科研事业单位及其附属设施用地，包括为学校配建的独立地段的学生生活用地
A4	体育用地	体育场馆和体育训练基地等用地，不包括学校等机构专用的体育设施用地	A4	体育用地	体育场馆和体育训练基地等用地，不包括学校等机构专用的体育设施用地
A5	医疗卫生用地	医疗、保健、卫生、防疫、康复和急救设施等用地	A5	医疗卫生用地	医疗、保健、卫生、防疫、康复和急救设施等用地
A6	社会福利设施用地	为社会提供福利和慈善服务的设施及其附属设施用地，包括福利院、养老院、孤儿院等用地	A6	社会福利设施用地	为社会提供福利和慈善服务的设施及其附属设施用地，包括福利院、养老院、孤儿院、残疾人福利设施等用地

11 版国标（2011）			京标（2012）		
用地代码	用地名称	内容及范围	用地代码	用地名称	内容及范围
A7	文物古迹用地	具有保护价值的古遗址、古墓葬、古建筑、石窟寺、近代代表性建筑、革命纪念建筑等用地。不包括已作其他用途的文物古迹用地	A7	文物古迹用地	具有保护价值的古遗址、古墓葬、古建筑、石窟寺、近代代表性建筑、革命纪念建筑等用地。不包括已作其他用途的文物古迹用地
A8	外事用地	外国驻华使馆、领事馆、国际机构及其生活设施等用地	D2	外事用地	外国驻华使馆、领事馆、国际机构及其生活设施等用地
—			A8	社区综合服务设施用地	街道及以下级别的社区综合管理服务设施用地，包括社区文化体育、社区商业服务、社区管理服务等设施
A9	宗教设施用地	宗教活动场所用地	A9	宗教用地	宗教活动场所用地

表 4-2　11 版国标与京标商业服务业设施用地代码及内容对比表

11 版国标（2011）			京标（2012）		
用地代码	用地名称	内容及范围	用地代码	用地名称	内容及范围
B1	商业设施用地	商业及餐饮、旅馆等服务业用地	B1	商业设施用地	商业及餐饮、旅馆等服务业用地
B2	商务设施用地	金融保险、艺术传媒、技术服务等综合性办公用地	B2	商务用地	金融保险、艺术传媒、研发设计、贸易咨询等综合性办公用地
B3	娱乐康体设施用地	娱乐、康体等设施用地	B3	娱乐康体设施用地	娱乐、康体等设施用地
—			B4	综合性商业金融服务业用地	集商业、金融、办公、服务、娱乐等内容为一体的设施用地
			B5	旅游设施用地	以外来旅游者为主要服务对象、独立地段的提供信息咨询等基本服务的设施用地
B4	公用设施营业网点用地	零售加油、加气、电信、邮政等公用设施营业网点用地	B9	其他服务设施用地	独立地段的电信、供水、燃气、供电、供热等其他公用设施营业网点以及业余学校、民营培训机构、私人诊所、殡葬、动物医院、4S 店等其他服务设施用地
B9	其他服务设施用地	业余学校、民营培训机构、私人诊所、殡葬、宠物医院、汽车维修站等其他服务设施用地			

3.居住用地（R）

此部分用地分类 11 版国标和京标分类方式及涵盖内容基本一致。都分为一类居住用地（R1）、二类居住用地（R2）和三类居住用地（R3）。（详见表 4-3）

表 4-3　11 版国标与京标居住用地代码及内容对比表

11 版国标（2011）			京标（2012）		
用地代码	用地名称	内容及范围	用地代码	用地名称	内容及范围
R1	一类居住用地	设施齐全、环境良好，以低层住宅为主的用地	R1	一类居住用地	以低层住宅为主的用地、
R2	二类居住用地	设施较齐全、环境良好，以多、中、高层住宅为主的用地	R2	二类居住用地	以多、中、高层住宅为主的用地
R3	三类居住用地	设施较欠缺、环境较差，以需要加以改造的简陋住宅为主的用地，包括危房、棚户区、临时住宅等用地	R3	三类居住用地	以需要加以改造的简陋住宅为主的用地

4.工业用地（M）

11 版国标和京标都根据对环境的干扰、污染、安全隐患等的不同等级将工业用地分为一类工业用地（M1）、二类工业用地（M2）、三类工业用地（M3）。京标增加了工业研发用地（M4）（指"以技术研发、中试为主，兼具小规模的生产、技术服务、管理等功能的用地"）和职工宿舍用地（M5）（指"为工矿企业配建的独立占地的倒班宿舍等用地"）。（详见表 4-4）

表 4-4　11 版国标与京标工业用地代码及内容对比表

11 版国标（2011）			京标（2012）		
用地代码	用地名称	内容及范围	用地代码	用地名称	内容及范围
M1	一类工业用地	对居住和公共环境基本无干扰、污染和安全隐患的工业用地	M1	一类工业用地	对居住和公共环境基本无干扰、污染和安全隐患的工业用地
M2	二类工业用地	对居住和公共环境有一定干扰、污染和安全隐患的工业用地	M2	二类工业用地	对居住和公共环境有一定干扰、污染和安全隐患的工业用地
M3	三类工业用地	对居住和公共环境有严重干扰、污染和安全隐患的工业用地	M3	三类工业用地	对居住和公共环境有严重干扰、污染和安全隐患的工业用地
—			M4	工业研发用地	以技术研发、中试为主，兼具小规模的生产、技术服务、管理等功能的用地
			M5	职工宿舍用地	为工矿企业配建的独立占地的倒班宿舍等用地

5. 物流仓储用地（W）

11 版国标中以对环境、污染、安全隐患等的等级不同对物流仓储用地分为一类物流仓储用地（W1）、二类物流仓储用地（W2）、三类物流仓储用地（W3）；京标分为物流用地（W1）（指"兼具货物储存配送、集散流通、批发交易及物流信息处理等功能的用地"）、普通仓储用地（W2）（指"对周边居住和公共环境基本没有卫生、安全防护隔离要求的普通仓库用地，包括大型露天堆放货物的用地"）和特殊仓储用地（W3）（指"对周边居住和公共环境具有严重安全隐患，需要采取严格的卫生、安全防护隔离措施，专门用于存放易燃、易爆和剧毒等危险品的专用仓库用地"）。（详见表 4–5）

表 4–5　11 版国标与京标物流仓储用地代码及内容对比表

11 版国标（2011）			京标（2012）		
用地代码	用地名称	内容及范围	用地代码	用地名称	内容及范围
W1	一类物流仓储用地	对居住和公共环境基本无干扰、污染和安全隐患的物流仓储用地	W1	物流用地	兼具货物储存配送、集散流通、批发交易及物流信息处理等功能的用地
W2	二类物流仓储用地	对居住和公共环境有一定干扰、污染和安全隐患的物流仓储用地	W2	普通仓储用地	对周边居住和公共环境基本没有卫生、安全防护隔离要求的普通仓库用地，包括大型露天堆放货物的用地
W3	三类物流仓储用地	存放易燃、易爆和剧毒等危险品的专用仓库用地	W3	特殊仓储用地	对周边居住和公共环境具有严重安全隐患，需要采取严格的卫生、安全防护隔离措施，专门用于存放易燃、易爆和剧毒等危险品的专用仓库用地

6. （城市）道路与交通设施用地（S）

11 版国标和京标分类体系内城市道路用地（S1）和城市轨道交通用地（S2）代码和表述内容基本一致；11 版国标交通场站用地（S4）下的小类分类公共交通场站用地（S41）和社会停车场用地（S42）分别对应京标内的地面公共交通场站用地（S3）和社会停车场用地（S4）两部分内容。

11 版国标中交通枢纽用地（S3）所指的各种类型交通的枢纽在京标中均分属于 T 类下各类型交通用地，此类用地将在后续文字中详细阐述。（详见表 4–6）

表 4-6　11 版国标与京标道路与交通设施用地代码及内容对比表

11 版国标（2011）			京标（2012）		
用地代码	用地名称	内容及范围	用地代码	用地名称	内容及范围
S1	城市道路用地	快速路、主干路、次干路和支路等用地，包括其交叉口用地	S1	城市道路用地	快速路、主干路、次干路和支路等用地，包括其交叉口用地，不包括居住用地、工业用地等内部的道路用地
S2	城市轨道交通用地	独立地段的城市轨道交通地面以上部分的线路站点用地	S2	城市轨道交通用地	城市轨道交通、场站用地
S3	交通枢纽用地	铁路客货运站、公路长途客货运站、港口客运码头、公交枢纽及其附属设施用地	T	区域交通设施用地	铁路、公路、港口、机场和管理运输等区域交通运输及其附属设施用地
S4	交通场站用地	交通服务设施，公共汽（电）车首末站、停车场（库）、保养场，出租汽车场站设施等用地，以及轮渡、缆车、索道等地面部分及其附属设施用地	S3	地面公共交通场站用地	公交枢纽、公交保养场、公交中心站、公交首末站、出租汽车的停车场（库）等地面公共交通场站用地，以及以公共交通功能为主的轮渡、缆车、索道等的地面部分用地
			S4	社会停车场用地	公共使用的停车场和停车库用地，不包括其他各类用地配建的停车场（库）用地
S9	其他交通设施用地	除以上之外的交通设施用地，包括教练场等用地	S9	其他交通设施用地	除以上之外的交通设施用地，如教练场等，不包括交通指挥中心、交通队用地
B4	公用设施营业网点用地	零售加油、加气、电信、邮政等公用设施营业网点用地	S5	加油加气站用地	加油、加气、充电站等用地

7.（市政）公用设施用地（U）

11 版国标与京标中供应设施用地（U1）、环境设施用地（U2）、安全设施用地（U3）、其他公用设施用地（U9）几类用地的代码和内容表述基本一致。京标中增加殡葬设施用地（U4）与 11 版国标区域公用设施用地（H3）中包含的部分内容对应。（详见表 4-7）

表 4-7　11 版国标与京标公用设施用地代码及内容对比表

11 版国标（2011）			京标（2012）		
用地代码	用地名称	内容及范围	用地代码	用地名称	内容及范围
U1	供应设施用地	供水、供电、供燃气和供热等设施用地	U1	供应设施用地	供水、供电、供燃气和供热等设施用地
U2	环境设施用地	雨水、污水、固体废物处理和环境保护等的公用设施及其附属设施用地	U2	环境设施用地	雨水、污水、固体废物处理等环境保护设施及其附属设施用地
U3	安全设施用地	消防、防洪等保卫城市安全的公用设施及其附属设施用地	U3	安全设施用地	消防、防洪等保卫城市安全的公用设施及其附属设施用地
U9	其他公用设施用地	除以上之外的公用设施用地，包括施工、养护、维修等设施用地	U9	其他公用设施用地	除以上之外的公用设施用地，包括施工、养护、维修设施等用地
H3	区域公用设施用地	为区域服务的公用设施用地，包括区域性能源设施、水工设施、通信设施、广播电视设施、殡葬设施、环卫设施、排水设施等用地	U4	殡葬设施用地	殡仪馆、火葬场、骨灰存放处和墓地等设施用地

8. 绿地与广场用地（G）

京标中公园绿地（G1）、防护绿地（G2）、广场用地（G3）的代码和包含内容与 11 版国标基本一致。京标中增加生态景观绿地（G4）和园林生产绿地（G5）两类用地，G41 景观游憩绿地与 11 版国标其他建设用地（H9）内部分内容对应。（详见表 4-8）

9. 非建设用地（E）

从文字表述和用地分类代码上来看，11 版国标和京标对 E 类分类方式及涵盖内容几乎完全一致，都分为水域（E1）、农林用地（E2）和其他非建设用地（E9）。但就上文所言，京标中生态保护绿地（G42）、园林生产绿地（G5）从 11 版国标农林用地（E2）中单独分离而形成独立的代码和用地。（详见表 4-9）

10. 11 版国标 H 类与京标 D 类、T 类、H 类、N 类

此部分内容在两套用地分类系统中大多数用地分类可对应，京标大体上沿用《城市用地分类与规划建设用地标准》（GBJ 137—90）中 T 类和 D 类的代码及内容，军事用地（D1）、外事用地（D2）、安保用地（D3）、铁路用地（T1）、公路用地（T2）、港口用地（T3）、机场用地（T4）、管道运输用地（T5）基本与其对应，增加区域综合交通枢纽用地（T6）。而此两部分内容（D 类与 T 类）与 11 版国标代码 H41、A8、H42、H21、H22、H23、H24、H25 代表的内容基本一致，京标的区域综合交通枢纽用地（T6）可归类为 11 版国标区域交通设施用地（H2）中。采矿用地在 11 版国标中采用代码 H5，而京标代码为 N；村庄建设用地（H14）、其他建设用地（H9）与 11 版国

标代码和内容均一致。（详见表 4-10）

11. 京标内 F 类、X 类及 C 类用地

京标在 11 版国标的基础上增加 F 类、X 类用地和 C 类用地。其中 F1 代表住宅混合公建用地，具体为"以居住功能为主导，兼容公共管理与公共服务、商业服务业设施的混合用地"；F2 代表公建混合住宅用地，具体为以公共建筑为主导，兼容居住建筑的混合用地；F3 代表其他类多功能用地，具体为"安排除居住之外的其他互无干扰的设施的混合用地"；F8 代表绿隔政策区生产经营用地，具体为"位于城市绿化隔离地区范围内，根据相关政策，为保证绿地的实施和养护、保障集体经济发展安排的生产经营用地"。X 代表待深入研究用地，具体指"需进一步研究其功能定位和开发控制要求的用地"。C 代表保护区用地，具体指"根据有关规划确定的历史文化保护区，以及根据需要而划定、具有历史文化价值的建筑相对集中的地区"。（详见表 4-11）

表 4-8　11 版国标与京标绿地与广场用地代码及内容对比表

11 版国标（2011）			京标（2012）		
用地代码	用地名称	内容及范围	用地代码	用地名称	内容及范围
G1	公园绿地	向公众开放，以游憩为主要功能，兼具生态、美化、防灾等作用的绿地	G1	公园绿地	向公众开放，以游憩为主要功能，兼具生态、美化、防灾等作用的绿地
G2	防护绿地	具有卫生、隔离和安全防护功能的绿地	G2	防护绿地	城市中具有卫生防护、安全防护和隔离功能的绿地
G3	广场用地	以游憩、纪念、集会和避险等功能为主的城市公共活动场地	G3	广场用地	以游憩、纪念、集会和避险等功能为主的城市公共活动场地
—			G4	生态景观绿地	位于规划城镇集中建设区边缘，对城市生态环境质量、居民休闲生活、城市景观和生物多样性保护有重要影响的绿色生态用地
H9	其他建设用地	除以上之外的建设用地，包括边境口岸和风景名胜区、森林公园等的管理及服务设施等用地	G41	景观游憩绿地	以景观和游憩功能为主，兼具生态环境保育功能的各类绿色空间用地，包括郊野公园、风景名胜区、森林公园、野生动植物园等

11 版国标（2011）			京标（2012）		
用地代码	用地名称	内容及范围	用地代码	用地名称	内容及范围
—			G42	生态保护绿地	以生态保护和涵养功能为主，对维护城市空间格局及区域生态环境质量、保持生物多样性、涵养水源等生态功能具有重要控制作用的各类绿色空间用地
			G5	园林生产绿地	为城市绿化提供苗木、草皮和花卉的圃地

表 4-9　11 版国标与京标 E 类用地代码及内容对比表

11 版国标（2011）			京标（2012）		
用地代码	用地名称	内容及范围	用地代码	用地名称	内容及范围
E1	水域	河流、湖泊、水库、坑塘、沟渠、滩涂、冰川及永久积雪	E1	水域	河流、湖泊、水库、坑塘、沟渠、滩涂，不包括公园绿地及单位内的水域
E2	农林用地	耕地、园地、林地、牧草地、设施农用地、田坎、农村道路等用地	E2	农林用地	耕地、园地、林地、牧草地、设施农用地、田坎等用地
E9	其他非建设用地	空闲地、盐碱地、沼泽地、沙地、裸地、不用于畜牧业的草地等用地	E9	其他非建设用地	空闲地、盐碱地、沼泽地、沙地、裸地、不用于畜牧业的草地等用地

表 4-10　11 版国标 H 类与京标 D 类、T 类、H 类及 N 类用地代码及内容对比表

11 版国标（2011）			京标（2012）		
用地代码	用地名称	内容及范围	用地代码	用地名称	内容及范围
H41	军事用地	专门用于军事目的的设施用地，不包括部队家属生活区和军民共用设施等用地	D1	军事用地	专门用于军事目的的设施用地，不包括部队家属生活区和军民共用设施等用地
A8	外事用地	外国驻华使馆、领事馆、国际机构及其生活设施等用地	D2	外事用地	外国驻华使馆、领事馆、国际机构及其生活设施等用地
H42	安保用地	监狱、拘留所、劳改场所和安全保卫设施等用地，不包括公安局用地	D3	安保用地	监狱、拘留所、劳改场所和安全保卫设施等用地，不包括公安局和公安分局用地

11 版国标（2011）			京标（2012）		
用地代码	用地名称	内容及范围	用地代码	用地名称	内容及范围
H21	铁路用地	铁路编组站、线路等用地	T1	铁路用地	铁路线路、站、段、所、沿线其他配套设施等用地
H22	公路用地	国道、省道、县道和乡道用地及附属设施用地	T2	公路用地	城镇公路线路、公路客货运枢纽及其附属用地
H23	港口用地	海港和河港的陆域部分，包括码头作业区、辅助生产区等用地	T3	港口用地	港口客运码头及港口的陆域部分，包括码头作业区、辅助生产区等用地
H24	机场用地	民用及军民合用的机场用地，包括飞行区、航站区等用地，不包括净空控制范围用地	T4	机场用地	民用及军民合用的机场用地，包括飞行区、航站区等用地
H25	管道运输用地	运输煤炭、石油和天然气等地面管道运输用地，地下管道运输规定的地面控制范围内的用地应按其地面实际用途归类	T5	管道运输用地	运输煤炭、石油和天然气等地面管道运输用地
H2	区域交通设施用地	铁路、公路、港口、机场和管道运输等区域交通运输及其附属设施用地，不包括城市建设用地范围内的铁路客货运站、公路长途客货运站以及港口客运码头	T6	区域综合交通枢纽用地	两种或多种区域交通设施（铁路、公路、港口、机场等）共同构成的交通设施用地，包括为区域及地方服务的（公共）交通系统之间进行综合换乘及货运接驳的交通枢纽用地
H5	采矿用地	采矿、采石、采沙、盐田、砖瓦窑等地面生产用地及尾矿堆放地	N	采矿用地	采矿、采石、采沙、盐田、砖瓦窑等地面生产用地及尾矿堆放地
H9	其他建设用地	除以上之外的建设用地，包括边境口岸和风景名胜区、森林公园等的管理及服务设施等用地	H9	其他建设用地	除以上之外的建设用地，包括边境口岸和风景名胜区、森林公园等的管理及服务设施等用地
H14	村庄建设用地	农村居民点的建设用地	H14	村庄建设用地	农村居民点的建设用地

表 4-11　京标内 F 类、X 类及 C 类用地代码及内容对照表

用地代码	用地名称	内容及范围
		京标（2012）
F1	住宅混合公建用地	以居住功能为主导，兼容公共管理与公共服务、商业服务业设施的混合用地
F2	公建混合住宅用地	以公共管理与公共服务、商业服务功能为主导，兼容居住建筑的混合用地
F3	其他类多功能用地	安排除居住之外的其他互无干扰的设施的混合用地
F8	绿隔政策区生产经营用地	位于城市绿化隔离地区范围内，根据相关政策，为保证绿地的实施和养护、保障集体经济发展而安排的生产经营用地
X	待深入研究用地	需进一步研究其功能定位和开发控制要求的用地
C	保护区用地	根据有关规划确定的历史文化保护区，以及根据需要而划定、具有历史文化价值的建筑相对集中的地区

4.1.3　京标特色内容

1. 对混合用地、待深入研究用地、保护区用地代码及内容的补充（表 4-12、表 4-13）

（1）混合用地

根据北京市城乡规划特点，设定了三个多功能用地类别，增加 F 类代码，以加强对特定地区用地功能混合的规划指导和控制。并在后续条文说明中明确"住宅混合公建用地（F1）中住宅建筑面积按总建筑面积的 60%～80% 计算；公建混合住宅用地（F2）中住宅建筑面积按总建筑面积的 20%～40% 计算。为便于统计，适应规划管理、土地供应管理需要，在实际操作中将这一浮动比例统一设定为 70% 和 30%。如有特殊情况需要调整比例，调整值应控制在浮动范围内，并在控规图则中注明。"此方式将混合用地明确表达，结合规划建设情况确定各类建筑功能的具体类别，且在建筑使用过程中可以在一定幅度内灵活调整，突出市场灵活性。

同时，除 F 类不同功能用地混合表达外，京标内综合性商业金融服务业用地（B4）指"集商业、商务、娱乐等内容为一体的设施用地"同样体现对 B 类相似功能混合的表达。

而绿隔政策区生产经营用地（F8）的设定是为了适应绿化隔离地区集体产业发展和用地规划的特殊要求，保障绿隔实施及集体经济发展安排的产业用地，集体经济组织可根据实际需要建设商业、商务、娱乐、物流仓储等设施。

在《北京城市总体规划（2016 年—2035 年）》中"现状城乡接合部即四环路至六环路范围规划集中建设区以外的地区，设置第一道绿化隔离地区和第二道绿化隔离地区"，并规定"优化调整城乡接合部地区产业发展结构，现有集体建设用地再利用和集体产业发展应充分与城市功能相衔接，第一道绿化隔离地区重点发展服务城市功能的休闲产业、绿色产业，第二道绿化隔离地区重在提升环境品质，发展城乡结合、城绿结合的惠农产业、特色产业"。此用地类别的设立与总体规划相呼应。

表 4-12 北京规定中混合用地类表述

类别代码			类别名称	内容
大类	中类	小类		
C			保护区用地	根据有关规划确定的历史文化保护区，以及根据需要而划定、具有历史文化价值的建筑相对集中的地区
D			特殊用地	特殊性质的用地
	D1		军事用地	专门用于军事目的的设施用地，不包括部队家属生活区和军民共用设施等用地
	D2		外事用地	外国驻华使馆、领事馆、国际机构及其生活设施等用地
	D3		安保用地	监狱、拘留所、劳改场所和安全保卫设施等用地，不包括公安局和公安分局用地
F			多功能用地	数种互无干扰的设施的混合用地
	F1		住宅混合公建用地	以居住功能为主导，兼容公共管理与公共服务、商业服务业设施的混合用地
	F2		公建混合住宅用地	以公共管理与公共服务、商业服务功能为主导，兼容居住建筑的混合用地
	F3		其他类多功能用地	安排除居住之外的其他互无干扰的设施的混合用地
	F8		绿隔政策区生产经营用地	位于城市绿色隔离地区范围内，根据有关政策，为保证绿地的实施及养护、保障集体经济发展而安排的生产经营用地
		F81	绿隔产业用地	根据绿化隔离地区有关政策，为保障绿地实施及集体经济发展安排的产业用地
		F82	绿色产业用地	根据绿化隔离地区有关政策，按照已实施绿地面积的规定比例，为绿地的管理养护提供资金保障而集中安排的服务设施用地
X			待深入研究用地	需进一步研究其功能定位和开发控制要求的用地

资料来源：京标（2012）中城乡用地和分类代码表

（2）待深入研究用地

待深入研究用地（X）是指"需要进一步研究其功能定位和开发控制要求的用地"，仅在规划编制中使用，设定此类别分类主要是："考虑到城乡规划编制过程中，还有部分用地虽明确属于城镇建设用地，但其具体性质还有待深入研究确定。在现状土地使用功能判定时，规划行政许可文件过期但仍未开展建设的用地也归入此类。"

（3）保护区用地

保护区用地（C）是指历史文化街区以及根据需要划定的、具有历史文化价值地区内的居住、商业、商务等用地。

此类用地类别突出北京作为历史文化名城对历史文化街区或其他经认定具有历史文化价值的地区的内涵挖掘、保护等问题的特点。

2. 体现城市产业转型升级的发展趋势

京标中对增加的工业研发用地（M4），是指"以技术研发、中试为主，兼具小规模的生产、技术服务、管理等功能的用地"。原有的工业用地无法满足新兴产业发展的需求，而存量建设用地的盘活也成为亟待解决的棘手问题。2015年和2016年，国土资源部先后颁布了《关于支持新产业新业态发展促进大众创业万众创新用地的意见》和《产业用地政策实施工作指引》。这两个文件提出："对于现行11版国标分类中没有明确定义的新产业、新业态类型，市、县国土资源主管部门可结合现有土地供应政策要求和当地产业发展实际需要，主动向同级城乡规划、产业主管部门提出规划用途的建议意见，促进项目落地。"给全国各地的工业用地创新分类定了基调。因此各大城市相继在工业用地转型政策上思考与整合，诞生了以"M0"为首的各式新型产业用地，"M1A""M创""MX""M4""M+"等一系列花样繁多的新型产业用地也出现在各地用地分类体系中，为各地工业用地转型提供了有力的依据。

这些新型产业用地多是指适应创新型企业发展和创新人才的空间需求，用于研发、创意、设计、中试、检测、无污染生产等环节及其配套设施的用地。同时，也将呈现出开发强度更大、单位产能更强、用地功能更综合、土地出让方式更灵活等特点。

而京标内M4用地的出现无疑是走在了工业用地创新分类的前沿。

表4-13　北京规定中工业用地类表述

类别名称			类别名称	内容
大类	中类	小类		
M			工业用地	工矿企业的生产、研发中试及其附属设施用地，包括专用的铁路、码头和附属道路、停车场、职工宿舍等用地，不包括露天矿用地
	M1		一类工业用地	对居住和公共环境基本无干扰、污染和安全隐患的工业用地
	M2		二类工业用地	对居住和公共环境有一定干扰、污染和安全隐患的工业用地
	M3		三类工业用地	对居住和公共环境有严重干扰、污染和安全隐患的工业用地
	M4		工业研发用地	以技术研发、中试为主，兼具小规模的生产、技术服务、管理等功能的用地
	M5		职工宿舍用地	为工矿企业配建的独立占地的倒班宿舍等用地

资料来源：京标（2012）中城乡用地和分类代码表

4.2　上海规定（控规标准）中城乡用地分类标准的解读

4.2.1　国家《城市用地分类与规划建设用地标准(GBJ 137-90)》与上海城乡用地分类标准总体内容的比较

《城市用地分类与规划建设用地标准（GBJ 137-90）》（以下简称"90版国标"），自1991年3月1日起实施，至2012年1月1日起新国标实施为止。城市用地分类采用大类、中类和小类三个层次的分类体系，共分为十大类、四十六中类、七十三小类。

上海城乡用地分类标准（以下简称"上标"）是位于《上海市控制性详细规划技术准则（2016年修订版）》第三大章节"土地使用"内的一套用地分类标准，分为两个表格。城乡用地包括城乡建设用地、农用地、水域和未利用土地，其中城乡建设用地分为十一个大类、五十个中类、五十四个小类。上海市于1994年开始就有地方性用地分类标准用于指导控制性详细规划的编制，其基本承袭 90 版国标的思路，指导上海控规编制。现行 2016 年修订版"控规准则"中的用地分类部分沿用上海最新用地分类标准。

90 版国标与上标均使用大类、中类和小类的分类方式，本文将主要对两套用地分类体系的大类和中类进行比较。

总体来看，90 版国标和上标两套分类标准里面，居住用地（R）、公共设施用地（C）、工业用地（M）、仓储物流用地（W）、对外交通用地（T）、道路广场用地（S）、市政设施用地（U）、绿地（G）、特殊用地（D）等大类用地名称和代码基本一致，而中类和小类存在部分差异。此外，上标在 90 版国标的基础上增加综合用地（Z）、城市发展备建用地（X）和控制用地（K）三种用地类型；农用地（N）的代码与 90 版国标 E 类不同。

4.2.2　90 版国标与上标分项内容的比较

1. 居住用地（R）

90 版国标居住用地按照层数、布局、市政公用设施配套是否齐全、环境质量等综合因素分为一类居住用地（R1）、二类居住用地（R2）、三类居住用地（R3）、四类居住用地（R4），将住宅用地、公共服务设施用地（包含基础教育设施）、内部配建道路、绿地分属为各类居住用地下的小类内；而上标是将社区级公共服务设施用地（Rc）与基础教育设施用地（Rs）独立出来与住宅组团用地（Rr）（含内部配建道路、绿化等）共同组成三个中类，并将 Rr 住宅组团用地按照住宅的层数等分为六个小类。其中 Rr1—Rr5 五类住宅组团用地分别指"以低层住宅为主的住宅组团用地、以多层住宅为主的住宅组团用地、以高层住宅为主的住宅组团用地、以独立地段的供职工或学生居住的宿舍或单身公寓为主的住宅组团用地、简陋住宅用地"，与 90 版国标内各类居住用地下的小类住宅用地（R11—R41）基本对应，而六类住宅组团用地（Rr6）至农村宅基地，包含在 90 版国标村镇居住用地（E61）内。（详见表 4–14）

表 4–14　90 版国标与上标居住用地代码及内容对比表

90 版国标（1990）			上标（2016）		
用地代码	用地名称	内容及范围	用地代码	用地名称	内容及范围
			Rr	住宅组团用地	用于住宅建筑及其必要的配建道路、绿化及附属于住宅建筑的服务设施的用地
R1	一类居住用地	市政公用设施齐全、布局完整、环境良好，以低层住宅为主的用地	Rr1	一类住宅组团用地	以低层住宅为主的住宅组团用地
R2	二类居住用地	市政公用设施齐全、布局完整、环境较好，以多、中、高层住宅为主的用地	Rr2	二类住宅组团用地	以多层住宅为主的住宅组团用地
			Rr3	三类住宅组团用地	以高层住宅为主的住宅组团用地

90版国标（1990）			上标（2016）		
用地代码	用地名称	内容及范围	用地代码	用地名称	内容及范围
R3	三类居住用地	市政公用设施比较齐全、布局不完整、环境一般，或住宅与工业等用地有混合交叉的用地	Rr4	四类住宅组团用地	以独立地段的供职工或学生居住的宿舍或单身公寓为主的住宅组团用地
R4	四类居住用地	以简陋住宅为主的用地	Rr5	五类住宅组团用地	简陋住宅用地
E61	村镇居住用地	以农村住宅为主的用地，包括住宅、公共服务设施和道路等用地	Rr6	六类住宅组团用地	农村宅基地
R12 R22 R32 R42	公共服务设施用地	居住小区及小区级以下的公共设施和服务设施用地，如托儿所、幼儿园、小学、中学、粮店、菜店、副食店、服务站、储蓄所、邮政所、居委会、派出所等用地	Rc	社区级公共服务设施用地	包括社区级行政管理、商业、文化、体育、医疗卫生、养老等设施用地，不包括市级、区级公共服务设施用地
			Rs	基础教育设施用地	包括完全中学、高级中学、初级中学、小学、九年一贯制学校、幼托等

2. 公共设施用地（C）

上标沿用90版国标中公共设施用地采用的 C 类代码，包含行政办公用地（C1）、商业服务业用地（C2）、文化用地（C3）、体育用地（C4）、医疗卫生用地（C5）、教育科研设计用地（C6）、文物古迹用地（C7）、商务办公用地（C8）、其他公共设施用地（C9）共九个中类。

其中 C1、C4、C5、C6、C7 的用地类别及包含内容与90版国标基本一致，上标将90版国标中C2商业金融业用地中的小类金融保险业用地（C22）和贸易咨询用地（C23）独立划分为中类商务办公用地（C8），将90版国标的文化娱乐用地（C3）中游乐用地（C36）纳入上标商业服务业用地（C2）中。（详见表4-15）

表4-15　90版国标与上标公共设施用地代码及内容对比表

90版国标（1990）			上标（2016）		
用地代码	用地名称	内容及范围	用地代码	用地名称	内容及范围
C1	行政办公用地	行政、党派和团体等机构用地	C1	行政办公用地	党政机关、社会团体、事业单位等机构及其相关设施用地

90版国标（1990）			上标（2016）		
用地代码	用地名称	内容及范围	用地代码	用地名称	内容及范围
C2	商业金融业用地	商业、金融业、服务业、旅馆业和市场等用地	C2	商业服务业用地	商业、服务业、旅馆业和娱乐康体等设施用地
			C8	商务办公用地	除行政办公用地之外的金融、保险、证券、咨询等行业及其他各类公司的办公建筑及其附属设施的用地
C3	文化娱乐用地	新闻出版、文化艺术团体、广播电视、图书展览、游乐等设施用地	C3	文化用地	市级、区级的新闻出版、文化艺术团体、广播电视、图书展览等设施用地
C4	体育用地	体育场馆和体育训练基地等用地，不包括学校等单位内的体育用地	C4	体育用地	市级、区级的体育场馆和体育训练基地等用地，不包括学校等单位内配套建设的体育设施用地
C5	医疗卫生用地	医疗、保健、卫生、防疫、康复和急救设施等用地	C5	医疗卫生用地	医疗、公共卫生、康复护理和急救等设施的用地
C6	教育科研设计用地	高等院校、中等专业学校、科学研究和勘测设计机构等用地，不包括中学、小学和幼托用地，该用地应归入居住用地	C6	教育科研设计用地	高等院校、中等专业学校、职业学校、特殊学校等各类教育设施以及各类科学研究、勘测及测试机构的用地。不包括高中、初中、小学和幼托用地
C7	文物古迹用地	具有保护价值的古遗址、古墓葬、古建筑、革命遗址等用地。不包括已作其他用途的文物古迹用地，该用地应分别归入相应的用地类别	C7	文物古迹用地	具有保护价值的古遗址、古墓葬、古建筑、革命遗址等用地，不包括已作其他用途的文物古迹用地，该用地应分别归入相应的用地类别
C8	其他公共设施用地	除以上之外的公共设施用地，如宗教活动场所、社会福利院等用地	C9	其他公共设施用地	除以上设施之外的其他公共设施用地

3. 工业用地（M）

90版国标和上标都以对环境、污染、安全隐患等的等级不同对工业用地分为一类工业用地（M1）、二类工业用地（M2）、三类工业用地（M3）。上标增加工业研发用

地（M4），指各类产品及其技术的研发、中试等设施用地。（详见表4-16）

表4-16　90版国标与上标工业用地代码及内容对比表

90版国标（1990）			上标（2016）		
用地代码	用地名称	内容及范围	用地代码	用地名称	内容及范围
M1	一类工业用地	对居住和公共设施等环境基本无干扰和污染的工业用地，如电子工业、缝纫工业、工艺品制造工业等用地	M1	一类工业用地	对周边地区环境基本无干扰、污染和安全隐患的工业用地
M2	二类工业用地	对居住和公共设施等环境有一定干扰和污染的工业用地，如食品工业、医药制造工业、纺织工业等用地	M2	二类工业用地	对周边地区环境有一定干扰、污染的安全隐患的工业用地
M3	三类工业用地	对居住和公共设施等环境有严重干扰和污染的工业用地，如采掘工业、冶金工业、大中型机械制造工业、化学工业、造纸工业、制革工业、建材工业等用地	M3	三类工业用地	对周边地区环境有严重干扰、污染和安全隐患的工业用地
—			M4	工业研发用地	各类产品及其技术的研发、中试等设施用地

4. 仓储（物流）用地（W）

90版国标分为普通仓库用地（W1）、危险品仓库用地（W2）、堆场用地（W3）与上标W1—W3的分类基本相同，上标在此基础上增加物流用地（W4），指"包括货物运输、分装、商贸类的物流中心、货物配载市场等用地"。（详见表4-17）

表4-17　90版国标与上标仓储（物流）用地代码及内容对比表

90版国标（1990）			上标（2016）		
用地代码	用地名称	内容及范围	用地代码	用地名称	内容及范围
W1	普通仓库用地	以库房建筑为主的储存一般货物的普通仓库用地	W1	普通仓储用地	以库房建筑为主的储存一般货物的普通仓库用地
W2	危险品仓库用地	存放易燃、易爆和剧毒等危险品的专用仓库用地	W2	危险品仓储用地	存放易燃、易爆和剧毒等危险品的专用仓库用地
W3	堆场用地	露天放货物为主的仓库用地	W3	堆场用地	露天堆放货物为主的用地，包括集装箱堆场等

90 版国标（1990）			上标（2016）		
用地代码	用地名称	内容及范围	用地代码	用地名称	内容及范围
一			W4	物流用地	包括货物运输、分装、商贸类的物流中心、货物配载市场等用地

5. 对外交通用地（T）

两套用地分类在对外交通用地的分类上基本一致，都分为铁路用地（T1）、公路用地（T2）、管道运输用地（T3）、港口用地（T4）、机场用地（T5）。（详见表4-18）

表 4-18　90 版国标与上标对外交通用地代码及内容对比表

90 版国标（1990）			上标（2016）		
用地代码	用地名称	内容及范围	用地代码	用地名称	内容及范围
T1	铁路用地	铁路站场和线路等用地	T1	铁路用地	铁路站场和线路等用地
T2	公路用地	高速公路和一、二、三级公路线路及长途客运站等用地，不包括村镇公路用地，该用地应归入水域和其他用地	T2	公路用地	高速公路和一、二、三级公路线路及长途客运站等用地，不包括村镇公路用地
T3	管道运输用地	运输煤炭、石油和天然气等地面管道运输用地	T3	管道运输用地	运输煤炭、石油和天然气等地面管道运输用地
T4	港口用地	海港和河港的陆域部分，包括码头作业区、辅助生产区和客运站等用地	T4	港口用地	海港和河港的陆域部分，包括码头作业区、辅助生产区和客运站等用地
T5	机场用地	民用及军民合用的机场用地，包括飞行区、航站区等用地，不包括净空控制范围用地	T5	机场用地	民用及军民合用的机场用地，包括飞行区、航站区等用地，不包括净空控制范围用地

6. 道路广场用地（S）

上标中道路用地（S1）、社会停车场用地（S3）、广场用地（S5）与90版国标S1、S3、S2类用地分别对应，且内容基本相同。上标增加综合交通枢纽用地（S6）一类用地性质。另外，轨道站线用地（S2）和公交场站用地（S4）与90版国标公共交通用地（U21）相对应，其他交通设施用地（S9）与90版国标其他交通设施用地（U29）

基本对应。（详见表 4-19）

表 4-19　90 版国标与上标道路广场用地代码及内容对比表

90 版国标（1990）			上标（2016）		
用地代码	用地名称	内容及范围	用地代码	用地名称	内容及范围
S1	道路用地	主干路、次干路和支路用地，包括其交叉路口用地，不包括居住用地、工业用地等内部的道路用地	S1	道路用地	主干路、次干路、支路用地和村镇公路，包括其交叉路口用地，不包括地块内部的通道
U21	公共交通用地	公共汽车、出租汽车、有轨电车、无轨电车、轻轨和地下铁道（地面部分）的停车场、保养场、车辆段和首末站等用地，以及轮渡（陆上部分）用地	S2	轨道站线用地	轨道交通在地面以上独立的线路及车站用地，不含停车场、车辆段等用地，高架线路位于道路红线范围内的部分属于道路用地
			S4	公交场站用地	常规公交、轨道交通、轮渡、出租车的候车室、停车场、保养场、车辆段等用地，不包括多种交通方式综合换乘的用地
—			S6	综合交通枢纽用地	多种交通方式、多条线路集散换乘的、具有综合功能的枢纽站点用地
S3	社会停车场库用地	公共使用的停车场和停车库用地，不包括其他各类用地配建的停车场库用地	S3	社会停车场用地	用于公共使用的停车场（库）等设施的用地，不包括其他各类用地附属配套的停车场（库）用地
S2	广场用地	公共活动广场用地，不包括单位内的广场用地	S5	广场用地	公共活动广场用地，包括街坊通道，不包括其他各类用地内的广场及通道用地
U29	其他交通设施用地	除以上之外的交通设施用地，如交通指挥中心、交通队、教练场、加油站、汽车维修等用地	S9	其他交通设施用地	除以上设施之外的交通设施用地，包括加油（气)站、汽车维修站、教练场等

7. 市政（公用）设施用地（U）

两套用地分类体系内多数用地中类基本对应，如供应设施用地、邮电设施用地、环境卫生设施用地、施工与维修设施用地、殡葬设施用地，这几类用地表述基本一致，代码数字没有对应。另外，上标中单独列出消防设施用地（U6），这在 90 版国标中统一归类为其他市政公用设施用地（U9）中。90 版国标的交通设施用地（U2）如第 6 小

标题中所述，在上标内已经归至 S 类中。（详见表 4-20）

表 4-20　90 版国标与上标市政（公用）设施用地代码及内容对比表

90 版国标（1990）			上标（2016）		
用地代码	用地名称	内容及范围	用地代码	用地名称	内容及范围
U1	供应设施用地	供水、供电、供燃气和供热等设施用地	U1	供应设施用地	供水、供电、供燃气和供热等设施用地
U2	交通设施用地	公共交通和货运交通等设施用地		轨道站线用地（S2）+ 公交场站用地（S4）+ 其他交通设施用地（S9）内容	
U3	邮电设施用地	邮政、电信和电话等设施用地	U2	邮电设施用地	邮政、电信和电话等设施用地
U4	环境卫生设施用地	环境卫生设施用地	U3	环境卫生设施用地	各类环境卫生设施用地
U5	施工与维修设施用地	房屋建筑、设备安装、市政工程、绿化和地下构筑物等施工及养护维修设施等用地	U4	施工与维修设施	房屋建筑、设备安装、市政工程、绿化和地下构筑物等施工及养护维修设施等用地
U6	殡葬设施用地	殡仪馆、火葬场、骨灰存放处和墓地等设施用地	U5	殡葬设施用地	殡仪馆、火葬场、骨灰存放处和墓地等设施用地
U9	其他市政公用设施用地	除以上之外的市政公用设施用地：如消防、防洪等设施用地	U6	消防设施用地	消防站等设施用地
			U9	其他市政设施用地	除以上设施之外的其他市政设施用地，包括防洪除涝、防汛应急、水文观测等设施用地

8. 绿地（G）

90 版国标共分为两个中类，公共绿地（G1）和生产防护绿地（G2），上标内此两个中类与 90 版国标一致，上标将"包括郊野公园、野生动植物园等"一类用地归为其他绿地（G9）。（详见表 4-21）

表 4-21　90 版国标与上标绿地代码及内容对比表

90 版国标（1990）			上标（2016）		
用地代码	用地名称	内容及范围	用地代码	用地名称	内容及范围
G1	公共绿地	向公众开放，有一定游憩设施的绿化用地，包括其范围内的水域	G1	公共绿地	向公众开放，有一定游憩设施的绿化用地，包括其范围内的水域
G2	生产防护绿地	园林生产绿地和防护绿地	G2	生产防护绿地	园林生产绿地和防护绿地
	—		G9	其他绿地	除以上绿地之外的其他绿地，包括郊野公园、野生动植物园等

9. 特殊用地（D）

此用地分类在两套用地分类中基本一致，都分为军事用地（D1）、外事用地（D2）、保安用地（D3）三类。（详见表 4-22）

表 4-22　90 版国标与上标特殊用地代码及内容对比表

90 版国标（1990）			上标（2016）		
用地代码	用地名称	内容及范围	用地代码	用地名称	内容及范围
D1	军事用地	直接用于军事目的的军事设施用地，如指挥机关、营区、训练场、试验场、军用机场、港口、码头、军用洞库、仓库、军用通信、侦察、导航、观测台站等用地，不包括部队家属生活区等用地	D1	军事用地	直接用于军事目的的军事设施用地，如指挥机关、营区、训练场、试验场、军用机场、港口、码头、军用洞库、仓库、军用通信、侦察、导航、观测台站等用地，不包括部队家属生活区等用地
D2	外事用地	外国驻华使馆、领事馆及其生活设施等用地	D2	外事用地	外国驻华使馆、领事馆及其生活设施等用地
D3	保安用地	监狱、拘留所、劳改场所和安全保卫部门等用地，不包括公安局和公安分局，该用地应归入公共设施用地（C）	D3	保安用地	监狱、拘留所、劳改场所和安全保卫部门等用地，不包括公安局和公安分局，该用地应归入公共设施用地（C）

10. 90 版国标"水域和其他用地（E）"与上标"水域和未利用地（E）、农用地（N）"

两套用地分类中水域（E1）用地代码和内容表述一致；90 版国标内耕地（E2）、园地（E3）、林地（E4）、牧草地（E5）在上标内统归类为农用地（N）一个大的类别；上标其他未利用土地（E9）与 90 版国标弃置地（E7）基本对应；90 版国标内村镇建设用地（E6）中村庄居住点用地部分与上标 Rr6 基本对应，而 E6 中露天矿用地（E8）的内容在上标中没有找到对应的用地分类。（详见表 4-23）

表 4-23　90 版国标水域和其他用地与上标水域和未利用地、农用地代码及内容对比表

90 版国标（1990）			上标（2016）		
用地代码	用地名称	内容及范围	用地代码	用地名称	内容及范围
E1	水域	江、河、湖、海、水库、苇地、滩涂和渠道等水域，不包括公共绿地及单位内的水域	E1	水域	江、河、湖、海、水库、苇地、滩涂和渠道等水域，不包括公共绿地及单位内的水域

90 版国标（1990）			上标（2016）		
用地代码	用地名称	内容及范围	用地代码	用地名称	内容及范围
E2	耕地	种植各种农作物的土地	N	农用地	耕地、园地、林地、草地、设施农用地、田坎等用地
E3	园地	果园、桑园、茶园、橡胶园等园地			
E4	林地	生长乔木、竹类、灌木、沿海红树林等林木的土地			
E5	牧草地	生长各种牧草的土地			
E6	村镇建设用地	集镇、村庄等农村居住点生产和生活的各类建设用地	Rr6	六类住宅组团用地	农村宅基地
E7	弃置地	由于各种原因未使用或尚不能使用的土地，如裸岩、石砾地、陡坡地、塌陷地、盐碱地、沙荒地、沼泽地、废窑坑等	E9	其他未利用土地	由于各种原因未使用或尚不能使用的土地
E8	露天矿用地	各种矿藏的露天开采用地		—	

4.2.3 上标特色内容

1. 对综合用地、城市发展备建用地、控制用地代码及内容的补充

（1）综合用地（Z）

综合用地在上标中是指"在规划实施阶段具有一定管理弹性的用地，可以包含相互间没有不利影响的两类或两类以上功能用途"。

为适应后工业转型与总规"减量化"的趋势，《上海市控制性详细规划技术准则（2016年修订版）》围绕城市更新重点完善内容之一：加强土地使用的混合引导，提高业态使用弹性，借鉴新加坡"白地"，新增"综合用地"地类，根据实际开发需求确定功能用途和具体比例，实现土地的最优配置，同时将单一性质用地内允许兼容业态比例由10%提高至15%，提升地区活力。[①]

根据《关于中国（上海）自由贸易试验区综合用地规划和土地管理的试点意见》（沪规土资地规〔2014〕443号），自贸区的综合用地控规（外高桥片区为主）在2015年完成编制，在一定程度上促成了《上海市控制性详细规划技术准则（2016年修订版）》中增加"综合用地"这一地类。为了提高转型发展的积极性，规划与土地管理需要实现政策衔接与机制整合，以降低更新的成本与技术屏障。综合用地从定义上并没有限定适

---

① 陈国伟,鲁驰.城市更新背景下的控规编制优化思路[J].江苏城市规划,2017(5):41-44.

用的功能用途，而是强调了其用途的混合性即功能可兼容。

该准则关于综合用地的表述做了具体的说明："为了实现土地的最优配置，宜在城市中区位条件优越、发展潜力巨大的区域，选取核心地块作为综合用地。综合用地所在街坊在编制控制性详细规划时，应明确综合用地的地块边界、功能构成、容积率、建筑高度、配套设施等。其中，功能构成方面，应明确综合用地的主要功能及其建筑量占比，以及附属功能的用途引导。同时，应通过城市设计研究，明确综合用地在建筑界面、公共空间、地下空间等方面的控制要求。土地出让和建设项目规划管理阶段，应在控制性详细规划规定的弹性范围内，根据实际需求确定综合用地内各项功能的具体用途和建筑量占比。"并在"混合用地"一节中规定了混合比例及用地间的混合引导。

（2）城市发展备建用地（X）和控制用地（K）

在上标中城市发展备建用地是指"需进一步研究其功能定位和开发控制要求的近期建设用地"，分为公共设施备建用地（Xc）、市政设施备建用地（Xu）、其他备建用地（Xx）。控制用地是指"包括为了保护城市生态功能设定的生态控制用地以及城市远期建设发展预留用地"，分为生态控制用地（Kg）和城市发展预留用地（Kb）（详见表4–24）。并注明：六类住宅组团用地（Rr6）、其他绿地（G9）、控制用地（K）不计入城镇建设用地指标。

依据《上海市城市总体规划（2017—2035年）》内容，上海建设用地面积距离3200 km² 的红线已经十分接近，而在这种高强度建设的超大城市发展下，土地的集约高效利用十分紧迫。城市发展备建用地保障近期建设用地的发展，而控制用地的限定在远期发展中为人居生活品质提供保障。

表4–24 上标内Z类、X类及K类用地代码及内容对照表

上标（2016）		
用地代码	用地名称	内容及范围
Z	综合用地	在规划实施阶段具有一定管理弹性的用地，可以包含相互间没有不利影响的两类或两类以上功能用途
X	城市发展备建用地	需进一步研究其功能定位和开发控制要求的近期建设用地
K	控制用地	包括为了保护城市生态功能设定的生态控制用地以及城市远期建设发展预留用地

2. 工业用地转型发展仍在不断探索中前进

上标中对增加的工业研发用地（M4），是指"各类产品及其技术的研发、中试等设施用地"。这些新型产业用地将呈现开发强度更大、单位产能更强、用地功能更综合、土地出让方式更灵活等特点。2016年，上海出台《关于本市盘活存量工业用地的实施办法》（沪府办〔2016〕22号），文件明确了工业用地转型过程中的实施细则，其中工业用地转型为研发总部类用地时，容积率最高不超过4.0。符合自行开发条件的零星工业用地转型，转型时应提供不少于10%的建设用地用于公益性设施、公共绿地等建设；

无法提供用地的，应无偿提供不少于 15% 的经营性物业产权定向用于公益性用途。同时，还出台了《关于加强本市工业用地出让管理的若干规定》（沪府办〔2016〕23 号），明确了未出让工业用地的容积率不大于 2.0；调整为研发总部类用地的，容积率不大于 4.0。

但也有观点认为，工业用地转型以工业用地（M）转向科研设计用地（C65）为主。在上海工业转型的过程中，政府尝试了多种用地类型，包括工业研发用地（M4）、总部研发用地（C65）以及商务办公用地（C8）。工业用地转型的多种可能性，其实背后隐含着对效益的评估和考量。通过对 M4、C65、C8 等几类用地从价格、容积率、限高、自持比例等方面进行比较，可以看出政府与市场在这个过程中的利益博弈，在这个过程中，政府与市场不断地在寻求利益平衡点。地价高的地类转型风险也高，但低地价又使得政府土地收益无法保障，因此定向供地、价格略微上浮的总部研发类用地（C65）便成了政府与市场的平衡点。《上海市城市总体规划（2017—2035 年）》已经明确了规划建设用地总规模控制在 3200 km² 以内，规划工业用地占比控制在 10%～15%，这意味着未来上海将至少有 254 km² 左右的工业用地转型。根据最新的《关于本市盘活存量工业用地的实施办法》，工业用地转型过程中，企业不仅需要补缴土地出让金，还需要提供 10% 的用地或 15% 的建筑面积作为公益性设施用地，企业在实际操作中普遍积极性不高。因此在转型规划的编制中，土地权利人往往试图通过各种方式来减少自己的损失，如提高转型后的经营性用地容积率，或通过其他手段抵扣公益性设施。提高工业用地容积率的管控上限将会进一步提高企业博弈的筹码，增加规划审批机构自由裁量权，从而导致新的管理难题。

4.3 深圳规定中城市用地分类标准的解读

4.3.1 深圳城市用地分类标准沿革

《深圳市城市规划标准与准则》（以下简称"深标"）共经历了 1990 版、1997 版、2004 版和 2013 版四个版本。1990 版深标先于《城市用地分类规划建设用地标准》（GBJ 137—90）（以下简称"90 版国标"）颁布，是伴随着市场化建设模式而产生的。随着城市的发展、1990 年国家《城市规划法》的出台以及深圳大规模对控规的推行，开始着手更规范化的土地规划与管理，由此出台了 1997 版城市用地分类。随着市场经济的发展以及 1998 年开始深圳法定图则制度的逐步成立，深圳出台的 2004 版用地分类成为深圳法定图则编制管理的技术依据。伴随深圳城市的快速发展与转型，城市用地的分类体系在 2013 版上又做了比较完善系统的调整，反映了经济高速发展下城市规划管理的重要性。

2013 版深标是在城市发展转型的宏观背景下，发现 2004 版深标在实践中过于严谨和细化导致图则的适用性、城市部分区域功能单一性、产业用地的限定性等对深圳的转型升级发展产生制约，于是 2013 版深标逐步对城市用地分类等级进行更进一步优化：

一是优化分类。精简、合并和调整部分用地类别，重点对经营性用地的范围进行拓展、对分类因素进行优化，例如将 C1、C2、C3、C4 统分为 C1 类。

二是简化分级。只分为大类和中类两个级别，不再进行小类分级，增强了城市规划的弹性与适应性。

三是增加解释内容。在原来的范围一列后增加了适建用途、适建比例（指引）两列，并在解释中规定了主导用途和其他用途，避免用地功能的过度复杂。并注明：①为保障规划编制与管理的延续性，在 2004 版城市用地分类与代码表基础上删除、合并的用地类别代码空缺；②适建用途的相关使用要求及适建用途中所列各类建筑与设施用途都可通过后续相关表格进行指引。

2018 修订版的深圳规定内的用地分类与 2013 版深标基本一致，仅减少了适建比例一列。

4.3.2 国家《城市用地分类与规划建设用地标准》（GB 50137—2011）与深标总体内容的比较

《城市用地分类与规划建设用地标准》（以下简称"11 版国标"）编号为 GB 50137—2011，自 2012 年 1 月 1 日起实施，分为城乡用地分类和城市建设用地分类两大部分，城乡用地分为两大类、九中类、十四小类，城市建设用地分为八大类、三十五中类、四十三小类。深标共分为九大类、三十一中类。

11 版国标的用地分类是包含两大部分的，分别为城乡用地分类和城市建设用地分类，以适应全国不同地区发展，而深标仅为城市用地分类和使用一个部分（深圳城镇化率已经达到 100%，是中国第一个全部城镇化的城市）。

结合两套标准来看，11 版国标内城乡用地分类里面除城市建设用地（H11）部分内容外的内容大体在深标的具体分类中同样会涉及。但对于城市建设用地分类而言，两者大类的类别名称基本相同。（见表 4-25）

表 4-25　11 版国标与深标城市用地分类大类类别名称对比表

序号	11 版国标（2011）	深标（2018）
1	居住用地（R）	居住用地（R）
2	公共管理与公共服务用地（A）	公共管理与服务设施用地（GIC）
3	商业服务业设施用地（B）	商业服务业用地（C）
4	工业用地（M）	工业用地（M）
5	物流仓储用地（W）	物流仓储用地（W）

11 版国标中的城市建设用地分类和代码表中共分为八大类，分别为居住用地、公共管理与公共服务用地、商业服务业设施用地、工业用地、物流仓储用地、道路与交通

设施用地、公用设施用地、绿地与广场用地。

深标的城市用地分类和使用共分为九大类，分别为居住用地、商业服务业用地、公共管理与服务设施用地、工业用地、物流仓储用地、交通设施用地、公用设施用地、绿地与广场用地、其他用地。

4.3.3 11 版国标与深标分项内容的比较

1. 居住用地

11 版国标将居住用地分为三类，分别为一类居住用地（R1）、二类居住用地（R2）、三类居住用地（R3）；而深标将居住用地分为四类，分别为一类居住用地（R1）、二类居住用地（R2）、三类居住用地（R3）、四类居住用地（R4）。

一类、二类居住用地（R1、R2）所指内容基本相同。一类居住用地都指设施齐全、环境良好的低层住宅；二类居住用地都是指设施齐全的多层及以上住宅。

11 版国标的三类居住用地（R3）是指"设施较欠缺、环境较差，以需要加以改造的简陋住宅为主的用地，包括危房、棚户区、临时住宅等"；而深标的三类居住用地（R3）是指"直接为工业区、仓储区、学校、医院等配套建设、有一定配套设施的、供职工及学生集体居住的成片宿舍区的用地"。

深标多了一类四类居住用地（R4），是指"以原农村居民住宅聚集形成的屋村用地"。这一点与 11 版国标中的（H14）"村庄建设用地"表达的内容基本可以对应。因为前面提到过，深圳已经达到 100% 城镇化，已经不具有农村性质的土地和人口，但是这只是在土地层面上的说法，而在历史发展过程中的原农村居民及其生活方式并没有完全消除掉，所以深标里面对这类的区域界定为四类居住用地。（见表 4-26）

表 4-26　11 版国标与深标居住用地代码及内容对比表

11 版国标（2011）			深标（2018）		
用地代码	用地名称	内容及范围	用地代码	用地名称	内容及范围
R1	一类居住用地	设施齐全、环境良好，以低层住宅为主的用地	R1	一类居住用地	配套设施齐全、布局完整、环境良好，以低层住宅为主的用地
R2	二类居住用地	设施较齐全、环境良好，以多、中、高层住宅为主的用地	R2	二类居住用地	配套设施齐全、布局较为完整，以多层及以上住宅为主的用地
R3	三类居住用地	设施较欠缺、环境较差，以需要加以改造的简陋住宅为主的用地，包括危房、棚户区、临时住宅等用地			—

11 版国标（2011）			深标（2018）		
用地代码	用地名称	内容及范围	用地代码	用地名称	内容及范围
—			R3	三类居住用地	直接为工业区、仓储区、学校、医院等配套建设、有一定配套设施的、供职工及学生集体居住的成片宿舍区的用地
H14	村庄建设用地	农村居民点的建设用地	R4	四类居住用地	以原农村居民住宅聚集形成的屋村用地

2. 公共管理与公共服务设施用地

代码不同：对于这一大类，最大的区别在于分类代码的不同，11 版国标用 A 表示，而深标则为 GIC（公益性服务设施区别于商业营利性的服务设施），这一代码选择早在第一版本的深标中就开始引用。

具体内容存在略微差别：11 版国标与深标在中类的分类上基本是一致的，区别在于11 版国标中多了一类外事用地（外国驻华使馆、领事馆、国际机构及其生活设施等用地，A8），这一类用地在深标中是不存在的。这是由于深圳城市内是不存在此类用途的机构及用地的。而深标中 GIC9 特殊用地（特殊性质的用地，包括直接用于军事目的的军事设施用地，以及监狱、拘留所与安全保卫部门的用地）与 11 版国标中 H4 特殊用地（专门用于军事目的的设施用地，不包括部队家属生活区和军民共用设施等用地；监狱、拘留所、劳改场所和安全保卫设施等用地，不包括公安局用地）基本对等。（见表 4-27）

3. 商业服务（设施）用地

11 版国标商业服务业设施用地（B）下分五个中类，包括商业用地（B1）、商务用地（B2）、娱乐康体用地（B3）、公用设施营业网点用地（B4）、其他服务设施用地（B9），并在中类的基础上更加细化地进行了小类的划分；深标共分为两个中类，商业用地（C1）、游乐设施用地（C5），其代码类型沿用 90 版国标，用 C 表达商业服务用地这一大类。

通过内容对比分析，11 版国标中的 B1、B2、B31 部分内容、B49 及 B9 内的部分用地与深标中的 C1 可相对应，但是 11 版国标中的 B32 康体用地在深标中难以找到对应的项目；11 版国标中的 B41（加油加气站用地）与深标中的 S9（其他交通设施用地）对应，11 版国标中的 B9 中部分内容与深标中的 U9（其他公用设施用地）对应。（见表 4-28）

4. 工业用地

11 版国标中根据对环境干扰、污染、安全隐患等的不同等级将工业用地分为一类工业用地（M1）、二类工业用地（M2）、三类工业用地（M3）。深标中对此统称为普通工业用地（M1），并增加新型产业用地（M0）。（见表 4-29）

表 4-27 11版国标与深标公共管理与公共服务设施用地代码及内容对比表

11 版国标（2011）			深标（2018）		
用地代码	用地名称	内容及范围	用地代码	用地名称	内容及范围
A1	行政办公用地	党政机关、社会团体、事业单位等办公机构及其相关设施用地	GIC1	行政管理用地	行政管理类办公建筑及其附属设施的用地
A2	文化设施用地	图书、展览等公共文化活动设施用地	GIC2	文体设施用地	社区以上级别的各类文化设施、体育设施的用地（不包括学校、工业用地内配套建设的文化、体育设施）
A4	体育用地	体育场馆和体育训练基地等用地，不包括学校等机构专用的体育设施用地			
A3	教育科研用地	高等院校、中等专业学校、中学、小学、科研事业单位及其附属设施用地，包括为学校配建的独立地段的学生生活用地	GIC5	教育设施用地	高等院校、中等专业学校、职业学校、特殊学校、中小学、九年一贯制学校及其他教育设施的用地
A5	医疗卫生用地	医疗、保健、卫生、防疫、康复和急救设施等用地	GIC4	医疗卫生设施	各类医疗、保健、卫生、防疫、康复和急救设施的用地
A6	社会福利设施用地	为社会提供福利和慈善服务的设施及其附属设施用地，包括福利院、养老院、孤儿院等用地	GIC7	社会福利用地	为社会提供福利和慈善服务的设施及其附属设施的用地
A7	文物古迹用地	具有保护价值的古遗址、古墓葬、古建筑、石窟寺、近代代表性建筑、革命纪念建筑等用地。不包括已作其他用途的文物古迹用地	GIC8	文化遗产用地	具有历史、艺术、科学价值且没有其他使用功能的建筑物、构筑物、遗址、古墓葬等用地
A8	外事用地	外国驻华使馆、领事馆、国际机构及其生活设施等用地		—	
H4	特殊用地	特殊性质的用地	GIC9	特殊用地	特殊性质的用地，包括直接用于军事目的的军事设施用地，以及监狱、拘留所与安全保卫部门的用地
A9	宗教设施用地	宗教活动场所用地	GIC6	宗教用地	宗教团体举行宗教活动的场所及其附属设施的用地

表 4-28　11 版国标与深标商业服务业（设施）用地代码及内容对比表

11 版国标（2011）			深标（2018）		
用地代码	用地名称	内容及范围	用地代码	用地名称	内容及范围
B1	商业用地	商业及餐饮、旅馆等服务业用地	C1	商业用地	经营商业批发与零售、办公、服务业（含餐饮、娱乐）、旅馆等各类活动的用地
B2	商务用地	金融保险、艺术传媒、技术服务等综合性办公用地			
B3	娱乐康体用地	娱乐、康体等设施用地	C5	游乐设施用地	设置有大型户外游乐设施或以人造景观为主的旅游景点的用地
B4	公用设施营业网点用地	零售加油、加气、电信、邮政等公用设施营业网点用地	其他交通设施用地（S9）中部分内容		
B9	其他服务设施用地	业余学校、民营培训机构、私人诊所、殡葬、宠物医院、汽车维修站等其他服务设施用地	其他公用设施用地（U9）中部分内容		

表 4-29　11 版国标与深标工业用地代码及内容对比表

11 版国标（2011）			深标（2018）		
用地代码	用地名称	内容及范围	用地代码	用地名称	内容及范围
M1	一类工业用地	对居住和公共环境基本无干扰、污染和安全隐患的工业用地	M1	普通工业用地	以生产制造为主的工业用地
M2	二类工业用地	对居住和公共环境有一定干扰、污染和安全隐患的工业用地			
M3	三类工业用地	对居住和公共环境有严重干扰、污染和安全隐患的工业用地			
—			M0	新型产业用地	融合研发、创意、设计、中试、无污染生产等创新性产业功能以及相关配套服务活动的用地

5. 物流仓储用地

11 版国标中根据对环境干扰、污染、安全隐患等的不同等级将物流仓储用地分为一类物流仓储用地（W1）、二类物流仓储用地（W2）、三类物流仓储用地（W3）。深标分为仓储用地（W1）和物流用地（W0）。（见表 4-30）

表 4-30　11 版国标与深标物流仓储用地代码及内容对比表

11 版国标（2011）			深标（2018）		
用地代码	用地名称	内容及范围	用地代码	用地名称	内容及范围
W1	一类物流仓储用地	对居住和公共环境基本无干扰、污染和安全隐患的物流仓储用地	W1	仓储用地	以储存货物为主的仓储用地
W2	二类物流仓储用地	对居住和公共环境有一定干扰、污染和安全隐患的物流仓储用地			
W3	三类物流仓储用地	存放易燃、易爆和剧毒等危险品的专用仓库用地			
—			W0	物流用地	融合物资储备、简单加工、中转配送、运营管理、批发展销等综合物流功能的用地

6.（道路与）交通设施用地

此部分内容在两套用地分类体系内总体内容大致相同，只是对某些用地的分类分到了不同的类别里面。如：深标内的 S1 区域交通用地对应 11 版国标 H2 区域交通设施用地；深标的 S4 交通场站用地包含 11 版国标 S3 交通枢纽用地和 S4 交通场站用地；而深标内的 S9 其他交通设施用地中表达的加油站加气站一类在 11 版国标中已经归类为 B41 加油加气站用地。（见表 4-31）

表 4-31　11 版国标与深标交通设施用地代码及内容对比表

11 版国标（2011）			深标（2018）		
用地代码	用地名称	内容及范围	用地代码	用地名称	内容及范围
H2	区域交通设施用地	铁路、公路、港口、机场和管道运输等区域交通运输及其附属设施用地，不包括城市建设用地范围内的铁路客货运站、公路长途客货运站以及港口客运码头	S1	区域交通用地	国家铁路、城际轨道、高速公路、口岸、港口和机场等区域交通运输的用地
S1	城市道路用地	快速路、主干路、次干路和支路等用地，包括其交叉口用地	S2	城市道路用地	快速路、主干路、次干路和支路等用地，包括其交叉口用地

11 版国标（2011）			深标（2018）		
用地代码	用地名称	内容及范围	用地代码	用地名称	内容及范围
S2	城市轨道交通用地	独立地段的城市轨道交通地面以上部分的线路、站点用地	S3	轨道交通用地	城市轨道交通路线及站点、车辆基地、车辆段及停车场等用地
S3	交通枢纽用地	铁路客货运站、公路长途客货运站、港口客运码头、公交枢纽及其附属设施用地	S4	交通场站用地	铁路与公路客货运站、港口客运码头、城市公共交通枢纽、道路公共交通场站以及社会停车场（库）等用地
S4	交通场站用地	交通服务设施，不包括交通指挥中心、交通队用地			
S9	其他交通设施用地	除以上之外的交通设施用地，包括教练场等用地	S9	其他交通设施用地	除上述之外的交通设施用地，包括加油站、加气站、充电站、训考场等
B41	加油加气站用地	零售加油、加气充电站等用地			

7. 公用设施用地

此部分内容在两套用地分类体系内总体内容大致相同。11 版国标的安全设施用地（U3）和其他公用设施用地（U9），在深标内统归为其他公用设施用地（U9）。（见表 4–32）

表 4–32　11 版国标与深标公用设施用地代码及内容对比表

11 版国标（2011）			深标（2018）		
用地代码	用地名称	内容及范围	用地代码	用地名称	内容及范围
U1	供应设施用地	供水、供电、供燃气和供热等设施用地	U1	供应设施用地	供水、供电、供燃气、邮政、电信等市政设施及其附属设施的用地（不含电厂）
U2	环境设施用地	雨水、污水、固体废物处理和环境保护等的公用设施及其附属设施用地	U5	环境卫生设施用地	进行雨水、污水及固体废物的收集、转运、堆放、处理的市政设施及其附属设施的用地

11 版国标（2011）			深标（2018）		
用地代码	用地名称	内容及范围	用地代码	用地名称	内容及范围
U3	安全设施用地	消防、防洪等保卫城市安全的公用设施及其附属设施用地	U9	其他公用设施用地	除上述之外的公用设施用地，包括消防站、施工配套设施、殡葬设施等
U9	其他公用设施用地	除以上之外的公用设施用地，包括施工、养护、维修等设施用地			
B9	其他服务设施用地	业余学校、民营培训机构、私人诊所、殡葬、宠物医院、汽车维修站等其他服务设施用地			

8.绿地与广场用地

11 版国标将绿地与广场用地分为公园绿地（G1）、防护绿地（G2）、广场用地（G3）。深标参考了 11 版国标的分类方式在 2013 版用地分类开始将广场用地分为 G 类（原分在 S 类），且只分为公园绿地（G1）和广场用地（G4）两个中类，没有 G2、G3。深标中把 11 版国标内防护绿地归入农林和其他用地内（E2）。（见表 4-33）

表 4-33　11 版国标与深标绿地与广场用地代码及内容对比表

11 版国标（2011）			深标（2018）		
用地代码	用地名称	内容及范围	用地代码	用地名称	内容及范围
G1	公园绿地	向公众开放，以游憩为主要功能，兼具生态、美化、防灾等作用的绿地	G1	公园绿地	向公众开放、以游憩为主要功能，兼具生态、美化、防灾等作用的绿地
G2	防护绿地	具有卫生、隔离和安全防护功能的绿地	农林和其他用地（E2）中部分内容		
G3	广场用地	以游憩、纪念、集会和避险等功能为主的城市公共活动场地	G4	广场用地	以游憩、纪念、集会和避险等功能为主的城市公共活动场地

4.3.4 深标特色内容

1. 分类体系

从深标的发展历程来看，现行深标基本和 2013 年版深标基本一致，是针对 2001 版深标存在的问题进行的优化版，是以深圳城市发展和规划管理需求为导向，以用地功能相容性研究为理论基础，删除小类，缩减大、中两类，以更加具有弹性的方式面对规划的编制和管理。

研究深圳市作为中国经济特区的发展历程，深圳市在开发过程中土地使用的混合性已经成为深圳城市建设的普遍现象，多种功能高度复合的城市综合体成为建设热点。城市基础设施用地与经营性用地的混合使用，如轨道交通上盖物业、公交场站与居住用地混合使用等，这些功能分区的不同及土地混合使用的现象在一定程度上促使用地分类偏向灵活性及与现状情况的适应性。

2. 增加类别名称下的细化解释

对主导用途及适用范围的细化以及后续对设施用途的建筑功能细化，使得城市规划工作人员在使用此分类体系时更具针对性和适用性（表 4-34）。

表 4-34　深圳规定中 C 类用地范围及适建用途表述

类别代码		类别名称	范围	适建用途
大类	中类			
C		商业服务用地	从事各类商业销售、服务活动及容纳办公、旅馆业、游乐等各类活动的用地	
	C1	商业用地	经营商业批发与零售、办公、服务业（含餐饮、娱乐）、旅馆等各类活动的用地	主导用途：商业、办公、旅馆业建筑 其他用途：商务公寓、可附设的市政设施、可附设的交通设施、其他配套辅助设施
	C5	游乐设施用地	设置有大型户外游乐设施或以人造景观为主的旅游景点的用地	主导用途：游乐设施 其他用途：小型商业、旅馆业建筑、宿舍、可附设的市政设施、可附设的交通设施、其他配套辅助设施

资料来源：《深圳市城市规划标准与准则》（2018 年局部修订稿）

3. 城市创新发展和产业升级转型的突出代表

深标中提出新型产业用地（M0）、物流用地（W0），支持、促进城市创新发展与产业升级转型。

为了有效推动产业升级，深圳市在 2014 年的《深圳市城市规划标准与准则》中新增了物流用地 (W0) 和新型产业用地 (M0) 两种用地类型。其中，M0 用地的利用方式较好地体现了多样性和灵活性的创新特征。2014 年我国城镇化率达到 54.77%，土地资源有限成为限制城市发展的主要因素，产业用地指标不足问题更加突出。随着经济发展进入“新常态”，城市发展也进入了新阶段——城市更新阶段，在这个阶段当中，城市规划思维的最大转折在于要从增量用地管理向存量用地资源深入发掘转变。深圳市早在2007 年开始编制《深圳市城市总体规划（2010—2020）》时，就将“工作重点由增量空间建设转向存量空间优化"作为未来工作模式的两个根本性转变之一。从此，深圳市开启了城市更新时代，并通过城市更新规划逐步引导产业升级。M0 用地类型的出现，成为深圳市推动城市更新的重要创新体制。

表 4-35　深圳规定中 M 类用地表述

M		工业用地	以产品的生产、制造、精加工等活动为主导，配套研发、设计、检测、管理等活动的用地	
	M1	普通工业用地	以生产制造为主的工业用地	主导用途：厂房 其他用途：仓库（堆场）、小型商业、宿舍、可附设的市政设施、可附设的交通设施、其他配套辅助设施。对周边居住、公共环境有影响或污染的工业不得建设小型商业、宿舍等
	M0	新型产业用地	融合研发、创意、设计、中试、无污染生产等创新型产业功能以及相关配套服务活动的用地	主导用途：厂房（无污染生产）、研发用房 其他用途：商业、宿舍、可附设的市政设施、可附设的交通设施、其他配套辅助设施

资料来源：《深圳市城市规划标准与准则》

　　根据深标，新型产业用地 M0 是指融合研发、创意、设计、中试、无污染生产等创新型产业功能以及相关配套服务活动的用地。过去深圳的城市更新以"工改商""工改居"为主，但纯粹的商业用地和居住用地难以支撑实体经济的创新发展，对工业用地进行产业转型的"工改工"则逐步成为城市更新的新模式。而 M0 用地就是"工改工"的落脚点。"工改工"是指将现有土地性质普通工业用地（M1）改变为新型产业用地（M0），将旧工业区拆除重建升级改造为新型产业园，产品多元化，包括新型产业用房、配套商业、配套公寓等多种物业形态。（详见表 4-35）

　　这样不仅带动国内其他城市产业用地的更新，更是对新型产业用地到创新性产业用地的精细化土地管理。

　　4.商业用地的市场灵活性及土地管理的弹性

　　从深圳商业服务业的发展和开发建设的现状及趋势看，商业、服务业（含餐饮、娱乐）、办公和旅馆业等各类商业活动往往结合在一起，其在使用功能、对环境的需求与影响方面是相容的。

　　深圳规定将其合并为一个中类——商业用地，其用地的管理与控制由政府导向调整为市场机制导向，在规划编制过程中不再详细确定具体的建筑功能，在规划许可过程中以市场发展诉求为主导，结合规划建设情况确定各类建筑功能的具体类别以及各项功能的具体比例。在建筑使用过程中市场主体可以灵活调整各种建筑功能的比例，无须经历复杂的规划调整程序。[1]

① 陈敦鹏. 转型发展中的深圳城市用地分类标准修订[J]. 规划师，2015(6)：46-51.

5. 与国土的土地利用规划衔接

深标中 E 类为其他用地，而不是 11 版国标明确为非建设用地，其中 E2 表示农林和其他用地并包含郊野公园、高尔夫绿地、防护绿地等，且注明主导用途要依据相关法律法规、规划而定。考虑到城市非建设用地主要依据土地利用规划和相关国土政策进行用途管制，细分与确定各类城市非建设用地性质在规划编制上不合理、在规划管理中无必要的情况，将原耕地、园地、林地、牧草地、其他农用地、未利用地和露天采矿用地等用地分类统一合并为农林和其他用地。

4.4 北京、上海、深圳土地综合利用的比较

4.4.1 北京、上海、深圳各规定中土地综合利用特点

1. 北京规定中土地综合利用特点

北京的土地综合利用主要体现在京标中，其用地分类体系增加 F 类代码，设定了三个多功能用地类别，以加强对特定地区用地功能混合的规划指导和控制。除 F 类不同功能用地混合表达外，京标内综合性商业金融服务业用地（ B4 ）指"集商业、商务、娱乐等内容为一体的设施用地"，同样体现对 B 类相似功能混合的表达。此方式将混合用地明确表达，结合规划建设情况确定各类建筑功能的具体类别，且在建筑使用过程中可以在一定幅度内灵活调整，突出市场的灵活性。

2. 上海规定中土地综合利用特点

上海首先是在上海规定（建筑管理）中对建设用地单一性质的区划分类和适建范围做了明确的表达，给出各类用地适建范围的表格；其次是在上海规定（控规标准）《上海市控制性详细规划技术准则（2016 年修订版）》中，用地分类体系增加 Z 类代码，明确"综合用地"这一分类，给出定义为"在规划实施阶段具有一定管理弹性的用地，可以包含相互间没有不利影响的两类或两类以上功能用途"。

对于"综合用地"在上海规定（控规标准）中给出两个章节（综合用地和混合用地）的解释。在"综合用地"章节，给出综合用地的一些规范和建议，一是建议选址位置，"宜在城市中区位条件优越、发展潜力巨大的区域，选取核心地块作为综合用地"；二是明确编制控规时对综合用地所在街坊的要求，"应明确综合用地的地块边界、功能构成、容积率、建筑高度、配套设施等。其中，功能构成方面，应明确综合用地的主要功能及其建筑量占比，以及附属功能的用途引导。同时，应通过城市设计研究，明确综合用地在建筑界面、公共空间、地下空间等方面的控制要求"；三是给出弹性的控制内容，"土地出让和建设项目规划管理阶段，应在控制性详细规划规定的弹性范围内，根据实际需求确定综合用地内各项功能的具体用途和建筑量占比"。

在"混合用地"章节，一是明确单一性质用地内允许兼容业态建筑面积比例，"当一个地块内某类使用性质的地上建筑面积占地上总建筑面积的比例大于 90% 时，该地

块被视为单一性质的用地";二是明确混合用地概念,"指一个地块内有两类或两类以上使用性质的建筑,且每类性质的地上建筑面积占地上总建筑面积的比例均大于10%的用地";三是明确混合用地比例的计算方法,"一般按照建筑面积的比例进行拆分计算";四是明确宜混合和鼓励混合的用地类型,"功能用途互利、环境要求相似或相互间没有不利影响的用地,宜混合设置,鼓励公共活动中心区、历史风貌地区、客运交通枢纽地区、重要滨水区内的用地混合";五是明确禁止混合的类型;六是给出用地混合引导表(详见表4-36,源于《上海市控制性详细规划技术准则(2016年修订版)》中用地混合指引表)。

显然,上海并没有明确提出兼容一些量化的指标,而是想通过控规的编制来达到土地兼容的目的。

表 4-36 上海规定(控规标准)中用地混合指引表

用地性质	住宅组团用地			社区级公共服务设施用地		行政办公用地	商业服务业用地	文化/体育用地	科研设计用地	商务办公用地	一类工业用地	二类工业用地	工业研发用地	普通仓储/堆场用地	物流用地	轨道站线用地	社会停车场用地	综合交通枢纽用地
	一类住宅组团用地	二类/三类住宅组团用地	四类住宅组团用地	养老福利、医疗卫生用地	其他													
一类住宅组团用地																		
二类住宅组团用地	√																	
三类住宅组团用地	×																	
四类住宅组团用地	×	√																
社区级养老福利、医疗卫生用地	×	○	×															
其他社区级公共服务设施用地	×	√	√	○														
行政办公用地	×	×	×	○	○													
商业服务用地	×	○	√	○	√	○												
文化/体育用地	×	×	√	√	√	√	√											
科研设计用地	×	×	√	○	√	○	○	√										
商务办公用地	×	×	√	×	√	√	√	○	○									
一类工业用地	×	×	√	×	○	×	○	×	√	○								
二类工业用地	×	×	×	×	×	×	×	×	×	×	√							
工业研发用地	×	×	○	×	√	√	√	√	√	√	√	√						
普通仓储/堆场用地	×	×	×	×	√	×	×	×	√	×	√	√	√					
物流用地	×	×	○	×	√	×	×	×	√	×	√	√	√	√				
轨道站线用地	×	○	√	√	√	√	√	√	√	√	×	×	×	×	×			
社会停车场用地	×	×	○	×	√	√	○	○	○	○	○	×	×	×	×	√	√	
综合交通枢纽用地	×	√	√	×	√	√	○	√	×	×	×	×	×	×	×	√	√	√

注:①"√"表示宜混合,"○"表示有条件可混合,"×"表示不宜混合;②表中未列用地一般不宜混合

4 土地分类与使用比较

87

3.深圳规定中土地综合利用特点

深圳规定《深圳市城市规划标准与准则》内首先是在深标的用地分类体系中将用地分类合并简化，主要体现为商业用地（C1）上，其用地的管理与控制由政府导向调整为市场机制导向，在规划编制过程中不再详细确定具体的建筑功能，在规划许可过程中以市场发展诉求为主导，结合规划建设情况确定各类建筑功能的具体类别以及各项功能的具体比例，在建筑使用过程中市场主体可以灵活调整各种建筑功能的比例。其次是在深圳规定中明确"土地混合使用"一个章节，并对此部分进行了详细的描述。包含基本准则、单一用地的混合使用、混合用地的混合使用三个要点。

基本准则中提出鼓励的土地混合区域为"城市各级中心区、商业与公共服务中心区、轨道站点服务范围、客运交通枢纽及重要的滨水区等区域"。明确具体地块的土地混合使用应符合相关技术条件和政策条件要求，给出相关技术条件是指"包括具体地块的上层次规划要求、周边条件、交通、市政、公共服务设施等情况，自然与地理承载力、日照通风和消防等强制性规定等。位于生态敏感区、重要的景观区域或可能造成较大环境影响、安全影响的，应进行专项技术论证"。相关政策条件是指"包括国家、省、市的土地、规划、产权和产业政策，以及是否满足申报条件、符合行政许可的程序要求等"。

单一用地的混合使用中给出地块类型对应适建范围并提出单一用地性质允许建设、使用的功能比例应经过专题研究确定，并且给出了居住用地、商业服务业用地、工业用地和物流仓储用地允许建设、使用的功能比例参照"一类、二类、三类居住用地主导用途的建筑面积不宜低于总建筑面积的70%"。城市主中心和副中心区域内商业用地，主导用途的建筑面积（或各项主导用途的建筑面积之和）不宜低于总建筑面积的50%；其他区域商业用地，主导用途的建筑面积（或各项主导用途的建筑面积之和）不宜低于70%。普通工业用地和新型产业用地主导用途的建筑面积（或各项主导用途的建筑面积之和）不宜低于总建筑面积的70%。仓储用地主导用途的建筑面积不宜低于总建筑面积的85%。物流用地主导用途的建筑面积（或各项主导用途的建筑面积之和）不宜低于总建筑面积的60%。

混合用地的混合使用中给出混合用地代码表达方式；鼓励的土地混合类型有"公共管理与服务设施用地、交通设施用地、公用设施用地与各类用地的混合"；给出常用土地用途混合使用指引（详见表4-37，源于深圳规定中常用土地用途混合使用指引表）；给出重点鼓励的混合用地类型，在各级城市中心区、商业与公共服务中心区，鼓励二类居住用地与商业用地混合使用，建设融合住宅、商业与配套设施等综合用途的商住混合功能，用地性质表达为二类居住用地＋商业用地（R2+C1）；鼓励轨道交通用地与商业用地、二类居住用地混合使用，立体利用轨道上盖空间，建设商业、办公、旅馆、住宅与配套设施等综合功能体，用地性质表达为轨道交通用地＋商业用地（S3+C1）、轨道交通用地＋二类居住用地（S3+R2）。

表 4–37　深圳规定中常用土地用途混合使用指引表

用地类别		鼓励混合使用的用地类别	可混合使用的用地类别
大类	中类		
居住用地（R）	二类居住用地（R2）	C1	
	二类居住用地（R2）	C1	M1、W1
商业服务业用地（C）	商业用地（C1）		GIC2、R2
公共管理与服务设施用地（GIC）	文体设施用地（GIC2）		CI
工业用地（M）	普通工业用地（M1）	W1	C1、R3
物流仓储用地（W）	仓储用地（W1）	M1	C1、R3
交通设施用地（S）	轨道交通用地（S3）	C1、R2	GIC2、R3
	交通场站用地（S4）	C1	GIC2、R3
公用设施用地（U）	供应设施用地（U1）		G1、GIC2、S4
	环境卫生设施用地（U5）		G1、GIC2、S4

注：①鼓励混合使用的用地类别，是指在一般情况下此类用地的混合使用可以提高土地使用效益，在规划编制中可经常使用；

②可混合使用的用地类别，是指此类用地可以混合使用，在规划编制中视具体情况使用；

③其他确需使用的混合用地，应通过专题研究确定

由此可见，深圳不仅对土地综合利用持鼓励态度，而且综合利用具体体现在多种方面，不仅是正常的住宅加商业、商业加办公等，而且也涉及工业用地、仓储用地等不太常见的土地综合利用。

4.4.2　土地兼容的难易特点

通过研究三个城市对土地综合利用方面的规定发现，对于商业类地块这一比较单一性质的用地的混合和两种性质的用地混合（尤其以住宅＋）的表达比较多，而对于多种用地的混合在三个城市的规定中除相应的用地混合指引表外基本没有涉及具体混合方式混合比例的描述。可见对于单一或两种用地混合的控制是相对容易的，而对于多种用地混合的控制目前仍处于待研究的状态。

1. 单一性质及两种性质用地混合

首先，对于混合用地的描述中，在京标与上标中能通过用地分类找到关于混合用地明确的描述。京标比较全面，采用了两种方式表达，尤其强调了住宅与公建的混合（F1/F2），并明确了商业类地块的混合，给出综合性商业金融服务业用地（B4）类型。深标没有明确混合用地分类，而是通过减少 C 类中类，合并为 C1 类涵盖多种用途商业类混合用地。上标则没有区分混合中类，统一分为综合用地（Z）一个大类。

其次，在这三个城市中，在单一性质及两种性质用地混合中主导功能的确定：北京只能在其他地方标准中找到关于 F1 与 F2 中主导类型的建筑面积比例（大于 70%，可在 60%～80% 之间浮动），对单一性质用地没有规定；上海则是明确单一用地性质建筑比例（大于 90%）；深圳对单一类别用地性质建筑比例的描述相对详细，给出了不同用地的比例，还给出了具体鼓励的混合类型，主要是住宅、商业、交通类之间的混合。

2. 多种性质用地混合

首先，在用地分类中，京标提出其他类多功能用地（F3），上标统称为综合用地（Z），

深圳没有对此方面的表达。其次，在三个城市规定中，上海和深圳给出鼓励混合类型的大体分类及用地混合指引类的表格。但是这些规定中虽有对多功能混合用地的大体概念，但是都没有给出具体的控制比例以及更多的相关描述，多种用地混合找不到更加细致的控制方式。（见表 4-38）

表 4-38　北京、上海、深圳对综合用地表达方式对比表

混合方式		北京	上海	深圳
用地分类表中体现方式	商业类地块的混合	综合性商业金融服务业用地（B4）	综合用地（Z）	通过减少 C 类中类，合并为 C1 类，涵盖多种用途商业类混合用地
	住宅与公建（公服＋商业）混合	住宅混合公建用地/公建混合住宅用地（F1/F2）		—
	多功能复合	其他类多功能用地（F3）		—
各城市规定中对混合用地的相关规定	单一用地性质建筑比例	—	＞90%	一类、二类、三类居住用地≥70%；商业用地城市主中心与副中心区域≥50%；其他区域≥70%；普通工业与新型产业用地≥70%；仓储用地≥85%；物流用地≥60%
	两种用地混合	只明确 F1 与 F2 中主导类型建筑面积＞70%（可在 60%～80% 之间浮动）	—	—
	多种用地混合	—	用地混合指引表	常用土地用途混合使用指引表
	鼓励混合类型	—	鼓励公共活动中心区、历史风貌地区、客运交通枢纽地区、重要滨水区内的用地混合	公共管理与服务设施用地、交通设施用地、公用设施用地与各类用地的混合，重点鼓励 R2+C1、S3+C1、S3+R2

　　香港在这方面有自己的成功经验。香港法定图则土地用途分类中，综合发展区的用地性质有些类似于我们常用的商办混合用地、住宅混合用地等，但比这些混合用地所涵盖的范围更广，对城市的意义也更大。

　　综合发展区通常是将几类不同用途的土地进行合并，其目的在于鼓励发展商合并土地，以便获得足够的土地面积进行综合发展，设立综合发展区最大的优点在于允许进行综合的布局设计，有助于尽量发挥土地的发展潜力，令地块发展的布局设计更具效益。

　　例如，香港中环中心就是一个将休憩用地与商业用地结合进行综合发展而成功完成旧区改造的案例。中环中心所在的位置原来是破旧的住宅区，规划要求该地区作为综合发展区，除作为重整房屋用途和市容外，还要为这片缺乏休憩用地的商业区提供一个公共庭院。为实施这一旧区重建计划，中环中心的整座大厦被矗立于一个宽敞的有盖休憩广场之上，地面被设计成一个供公众享用的开放式广场，并形成一个面积为 1500 m² 的

前庭花园,从而为拥挤的中环商业区提供了难能可贵的充满生机与活力的公共休憩空间。

通常在没有其他规划机制可达到所拟规划目的的情况下,香港城市规划委员会将一幅土地指定为综合发展区,它的作用在于令市区得以重建及重整,为乡郊地区提供新的发展机会,以及确保特殊地点有适当的布局设计等。在香港,由综合发展区发展而来的成功案例有很多,包括黄埔花园、城市花园、和富中心、时代广场、中环中心、新纪元广场等。

由此看来,在市场经济体制下,面对城市的快速发展,如何增强对城市动态本质的认识,将弹性控制、可持续发展、生态保护等理念纳入用地分类体系之中,精简不必要的规划过程,建立起一套行之有效的控制和管理机制,还需要深入研究。

4.5　小结

4.5.1　北京、上海、深圳用地分类总体比较

1.建设用地与非建设用地的表达口径不一

"非建设用地"一类常分为水域、农林用地及其他等。农林用地多与国土的土地利用现状协调,细分为耕地、园地、林地等。

本文所指的京标即2012年版的北京规定内的用地分类,其沿用11版国标将此类用地称为"非建设用地",但是并没有划分城乡、城市两个分类体系,而是将各类用地统筹分类在一个城乡用地分类表中。

上标称此类用地为"未利用地",将农用地、水域和未利用地与城乡建设用地并列为两大类别,农用地包含"耕地、园地、林地、草地、设施农用地、田坎等用地",对城乡建设用地进行细分,而对此类简单粗分。

深标称此类用地为"其他用地",因其城市的100%城镇化率在深标中则直接体现为城市用地分类,对此类用地减少分类只统分为农林和其他用地,并增加发展备用地一个中类。(见表4-39)

以建设用地和非建设用地或者类似于城市和乡村两种分类法,在针对诸如北京、上海、深圳这样在中国城市化率很高的城市,11版国标在统筹城乡用地分类方面显得力不从心。三大城市都根据自身实际情况,形成各自以城市建设为主导的用地分类体系。

表4-39　京标、上标、深标非建设用地、其他用地分类对比表(大类、中类)

京标(2012)				上标(2016)				深标(2018)			
大类		中类		大类		中类		大类		中类	
代码	名称	代码	名称	代码	名称	代码	名称	代码	名称	代码	名称
E	非建设用地	E1	水域	E	水域和未利用土地	E1	水域	E	其他用地	E1	水域
		E2	农林用地			E9	其他未利用土地			E2	农林和其他用地
		E9	其他非建设用地	N	农用地	—	—			E9	发展备用地

2. 大、中、小类用地分类数量上总体增加

11 版国标城市建设用地分类分为八个大类、三十五个中类和四十三个小类。90 版国标城市用地分类包含十个大类、四十六个中类、七十三个小类。

京标城乡用地分类包含十七个大类、五十八个中类和七十四个小类。上标城乡建设用地分类（H）分为十一个大类、五十个中类、五十四个小类。深标城市用地分类包含九个大类、三十一个中类，没有小类。

通过对京标和深标与 11 版国标对比、上标与 90 版国标对比后发现：京标和上标的用地分类在大类、中类甚至小类上，各类别在数量上明显增加，并增加了创新类别和内容；而深标从数量上看虽然减少（是因为其为了避免用地细节中某些用地分类表达不清的情况直接采取了不分小类、合并部分中类这种涵盖性广阔的用地分类方法），但同样增加了创新的类别和内容。

3. 增加自创用地类别

京标与 11 版国标对比来看，京标自创的内容增加了三个大类、十二个中类和五个小类。自创的大类包含多功能用地（F）、待深入研究用地（X）和保护区用地（C）；自创的中类包含住宅混合公建用地（F1）、公建混合住宅用地（F2）、其他类多功能用地（F3）、绿隔政策区生产经营用地（F8）、综合性商业金融服务业用地（B4）、旅游设施用地（B5）、社区综合服务设施用地（A8）、工业研发用地（M4）、职工宿舍用地（M5）、物流用地（W1）、生态景观绿地（G4）、园林生产绿地（G5）；自创的小类包含绿隔产业用地（F81）、绿色产业用地（F82）、研发设计用地（B23）、景观游憩绿地（G41）、生态保护绿地（G42）。（详见表 4-40、表 4-41）

上标与 90 版国标相比自创了三个大类、十个中类和十三个小类。自创的大类包含综合用地（Z）、城市发展备建用地（X）、控制用地（K）。自创的中类包含公共设施备建用地（Xc）、市政设施备建用地（Xu）、其他备建用地（Xx）、生态控制用地（Kg）、城市发展预留用地（Kb）、其他绿地（G9）、物流用地（W4）、工业研发用地（M4）、社区级公共服务设施用地（Rc）、基础教育设施用地（Rs）。自创的小类包括 Rc 及 Rs 下属的共十三个小类内容。（详见表 4-40 和表 4-41）

深标与 11 版国标对比来看，深标补充了 4 个自创中类，包含四类居住用地（R4）、新型产业用地（M0）、物流用地（W0）、发展备用地（E9）。（详见表 4-40、表 4-41）

表 4-40　京标、上标、深标自创型用地分类个数统计表

自创类统计	京标	上标	深标
自创大类个数	3	3	—
自创中类个数	12	10	4
自创小类个数	5	13	—

表 4-41　京标、上标、深标自创型用地类型统计表

自创类型	表达方式		
	京标（2012）	上标（2016）	深标（2018）
混合用地类	住宅混合公建用地（F1） 公建混合住宅用地（F2） 其他类多功能用地(F3) 绿隔政策区生产经营用地（F8） 绿隔产业用地（F81） 绿色产业用地（F82） 综合性商业金融服务业用地 （B4）	综合用地（Z）	减少 B 类用地细分
新型产业类	工业研发用地（M4） 物流用地（W1） 研发设计用地（B23）	工业研发用地（M4） 物流用地（W4）	新型产业用地（M0） 物流用地（W0）
远景发展用地类	待深入研究用地（X）	城市发展备建用地（X） 公共设施备建用地（Xc） 市政设施备建用地（Xu） 其他备建用地（Xx） 控制用地（K） 生态控制用地（Kg） 城市发展预留用地（Kb）	发展备用地（E9）
绿地类	生态景观绿地（G4） 景观游憩绿地(G41) 生态保护绿地(G42) 园林生产绿地（G5）	其他绿地（G9）	—
其他类	社区综合服务设施用地（A8） 旅游设施用地（B5）	社区级公共服务设施用地（Rc） 社区行政管理用地（Rc1） 社区商业用地（Rc2） 社区文化用地（Rc3） 社区体育用地（Rc4） 社区医疗卫生用地（Rc5） 社区养老福利用地（Rc6） 其他社区设施用地（Rc9） 基础教育设施用地（Rs） 完全中学用地（Rs1） 高级中学用地（Rs2） 初级中学用地（Rs3） 小学用地（Rs4） 九年一贯制学校用地（Rs5） 幼托用地（Rs6）	—

综合而言，三个城市均对混合用地、新型产业用地、远景发展用地这三大类别提出

了自创内容，京标和上标增加代码及用地类别，深标虽然没有增加新的代码却在原基础上增加了类别。

4.5.2 京标、上标、深标用地分类中分项内容比较

1. 居住用地类

（1）对用地类型的具体细化

京标内居住用地的分类方式与 11 版国标一致，均按照环境因素和住宅的高度区分一类、二类和三类居住用地；而上标和深标均对此项分类更加具体化，主要体现在上标将居住用地分为三大体系，Rr 所细分的 Rr1—Rr6 将独立地段的宿舍或单身公寓（Rr4）、简陋住宅用地（Rr5）与农村宅基地（Rr6）加以区分；深标中是将工业区、仓储区、学校、医院等配套成片宿舍区（R3）和原农村居民住宅聚集的屋村用地（R4）加以区分。

（2）配套设施的社会化

京标与深标均与 11 版国标一致，将较大级别的居住区配套设施与居住用地分离到公共服务类用地中，更加社会化；上标有分离的趋势，但受 90 版国标的影响，只是在 90 版居住用地的基础上将融合进各类住宅用地小类下的配套设施单独分为中类加以区分，但仍然没有脱离居住用地这一个大类。（见表 4-42）

表 4-42　京标、上标、深标居住用地分类对比表（大类、中类）

京标（2012）				上标（2016）				深标（2018）			
大类		中类		大类		中类		大类		中类	
代码	名称	代码	名称	代码	名称	代码	名称	代码	名称	代码	名称
R	居住用地	R1	一类居住用地	R	居住用地	Rr	住宅组团用地	R	居住用地	R1	一类居住用地
		R2	二类居住用地			Rc	社区级公共服务设施用地			R2	二类居住用地
		R3	三类居住用地			Rs	基础教育设施用地			R3	三类居住用地
										R4	四类居住用地

2. 公共管理与公共服务设施用地类

（1）分类体系不一致

上标受 90 版国标影响，将商业类服务设施与公共管理类服务设施分至同一个大类（C）中，而京标和深标均单独分类，且代码均不同。（详见表 4-43）

表 4-43　京标、上标、深标公共管理及公共服务用地类分类对比表（大类、中类）

京标（2012）				上标（2016）				深标（2018）			
大类		中类		大类		中类		大类		中类	
代码	名称	代码	名称	代码	名称	代码	名称	代码	名称	代码	名称
A	公共管理与公共服务用地	A1	行政办公用地	C	公共设施用地	C1	行政办公用地	GIC	公共管理与服务设施用地	GIC1	行政管理用地
		A2	文化设施用地			C2	商业服务业用地			GIC2	文体设施用地
		A3	教育科研用地			C3	文化用地			GIC4	医疗卫生用地
		A4	体育用地			C4	体育用地			GIC5	教育设施用地
		A5	医疗卫生用地			C5	医疗卫生用地			GIC6	宗教用地
		A6	社会福利用地			C6	教育科研设计用地			GIC7	社会福利用地
		A7	文物古迹用地			C7	文物古迹用地			GIC8	文化遗产用地
		A8	社区综合服务设施用地			C8	商务办公用地			GIC9	特殊用地
		A9	宗教用地			C9	其他公共设施用地				
B	商业服务业设施用地	B1	商业用地					C	商业服务业用地	C1	商业用地
		B2	商务用地							C5	游乐设施用地
		B3	娱乐康体用地								
		B4	综合性商业金融服务业用地								
		B5	旅游设施用地								
		B9	其他服务设施用地								

（2）对应类别略有差异

三套用地分类中对此部分的细分除用地代码的不同，中类和小类的细分大致相似。京标中的社区综合服务设施用地（A8）是指"街道及以下级别的社区综合管理服务设施用地，包括社区文化体育、社区商业服务、社区管理服务等设施"，与上标居住用地下的中类社区级公共服务设施用地（Rc）所指内容基本相同。（详见表4-44）

表 4-44　京标、上标、深标社区配套设施分类对比表

社区配套设施	表达方式		
	京标（2012）	上标（2016）	深标（2018）
	社区综合服务设施用地（A8） 基础教育用地（A33）	社区级公共服务设施用地（Rc） 基础教育设施用地（Rs）	文体设施用地（GIC2） 教育设施用地（GIC5）

3. 商业服务业设施用地类

（1）对商业类设施土地综合性和对创新产业内容表达方式不同

京标增加了的旅游服务设施用地（B5）指"以外来旅游者为主要服务对象、独立地段的提供信息咨询等基本服务的设施用地"和综合性商业金融服务用地（B4）；且增加小类研发设计用地（B23），指"以科技研发、设计等为主的企业办公用地"，以增加类别和内容为主。上标沿用90版国标用地分类，强调小类科研设计用地（C65）指"科学研究、勘测设计、观察测试、科技信息、科技咨询等机构用地，不包括附设于其他单位内的研究室和设计室等用地"，也就是通俗而言的"生产性服务业"。深标则是通过减少合并中类的方式使商业用地〔C1，指经营商业批发与零售、办公、服务业（含餐饮、娱乐）、旅馆等各类活动的用地〕这一个用地分类涵盖更多的内容，增加弹性。

（2）对公寓类用地划分类别不同

京标将公寓类用地划入旅馆用地（B14）中，称为"服务型公寓"，上标将其划入四类住宅组团用地（Rr4）中，称为"单身公寓"，深标将其划入商业用地（C1）中，称为"商务公寓"。（详见表4-45）

表 4-45　京标、上标、深标公寓类用地划分方式对比表

公寓	表达方式		
	京标（2012）	上标（2016）	深标（2018）
	旅馆用地（B14） （服务型公寓）	四类住宅组团用地（Rr4） （单身公寓）	商业用地（C1） （商务公寓）

4. 工业用地与物流仓储用地类

此两类用地在京标、上标、深标中都与11版国标形成鲜明的对比。均是在11版国标（或90版国标）的基础上增加了体现城市产业发展趋势的用地类别。

（1）增加研发类产业用地

对于工业用地而言，三个城市的用地分类中都增加了研发类产业用地，京标和上标都表述为工业研发用地，而深标表述为新型产业用地（M0，指融合研发、创意、设计、中试、无污染生产等创新性产业功能以及相关配套服务活动的用地），三者表述内容基本一致。其他类的工业用地深标统称为普通工业用地，而京标和上标都按照污染程度分为一类、二类和三类工业用地。（详见表4-46）

表 4-46　京标、上标、深标工业用地与物流仓储用地分类对比表（大类、中类）

京标（2012）				上标（2016）				深标（2018）			
大类		中类		大类		中类		大类		中类	
代码	名称	代码	名称	代码	名称	代码	名称	代码	名称	代码	名称
M	工业用地	M1	一类工业用地	M	工业用地	M1	一类工业用地	M	工业用地	M1	普通工业用地
		M2	二类工业用地			M2	二类工业用地			M0	新型产业用地
		M3	三类工业用地			M3	三类工业用地				
		M4	工业研发用地			M4	工业研发用地				
		M5	职工宿舍用地								
W	物流仓储用地	W1	物流用地	W	仓储物流用地	W1	普通仓储用地	W	物流仓储用地	W1	仓储用地
		W2	普通仓储用地			W2	危险品仓储用地			W0	物流用地
		W3	特殊仓储用地			W3	堆场用地				
		—				W4	物流用地				

（2）对企业职工宿舍的分属不同

京标增加职工宿舍用地（M5）中类用地，将职工宿舍归为用地 M 类；而上标和深标则均划分为居住用地下的中类或小类中。（详见表 4-47)

表 4-47　京标、上标、深标企业职工宿舍划分方式对比表

企业职工宿舍分类	表达方式		
	京标（2012）	上标（2016）	深标（2018）
	职工宿舍用地（M5）	四类住宅组团用地（Rr4）	三类居住用地（R3）

（3）简化增加选项

对于物流仓储用地而言，三个城市的用地分类都没有按照 11 版国标（或 90 版国标）根据污染、安全因素分为一、二、三类物流仓储用地，而是均将物流用地单独分类。而上标依据 90 版国标单独分出一类堆场用地（指露天堆放货物为主的用地，包括集装箱堆场等），深标则是用仓储用地一个中类涵盖了京标或上标中普通和特殊（危险品）仓储用地。

5. 道路与交通设施用地类

（1）区域交通设施用地及广场用地的归类不同

京标与上标均将区域性的交通设施用地（上标名为"对外交通用地"）单独分为一个大类（T类），而深标则将此部分内容作为一个中类分入"交通设施用地"（S类）中。上标中的广场用地沿用90版国标，仍将其纳入"道路广场用地"（S类）中，京标与深标均纳入G类中。

（2）加油加气站用地的归类不同

11版国标将加油加气站用地划分至B类中〔公用设施营业网点用地（B4）〕，而京标、上标、深标均将此类别的用地划入S类用地中，京标单独设立了一个中类及加油加气站用地（S5），上标和深标均将其纳入其他交通设施用地（S9）中。

（3）交通枢纽设施用地的表达不同

11版国标将交通枢纽用地划分为S一类中。京标将其纳入T类，对两种或多种区域交通设施归为区域综合交通枢纽用地（T6），对单种交通枢纽则分属为各类交通用地中。上标则划分综合交通枢纽用地，将其纳入S类。深标划分交通场站用地，将其纳入S类。

6.绿地与广场用地类

归类有增有减，有进有出。

此类用地在三个城市的用地分类都不尽相同。京标在11版国标的基础上增加分类，上标在90版国标的基础上增加分类，深标是在11版国标的基础上将防护绿地一类改变归类，分离出绿地一类。

京标除依照11版国标分为公园绿地、防护绿地和广场用地外，还增加了两类用地即生态景观绿地（G4）和园林生产绿地（G5）。生态景观绿地是指"位于规划城镇集中建设区边缘，对城市生态环境质量、居民休闲生活、城市景观和生物多样性保护有重要影响的绿色生态用地"，下分小类景观游憩绿地（以生态保护和涵养功能为主，对维护城市空间格局及区域生态环境质量、保持生物多样性、涵养水源等生态功能具有重要控制作用的各类绿色空间用地）和生态保护绿地（以景观和游憩功能为主，兼具生态环境保育功能的各类绿色空间用地，包括郊野公园、风景名胜区、森林公园、野生动植物园等）。可以理解为京标是将农林用地中的部分用地纳入建设用地体系中。

上标广场用地是受90版国标的影响分属为道路与广场用地这一大类之中。而绿地依据90版国标除分为公共绿地和生产防护绿地外，增加其他绿地（G9），指"除以上绿地之外的其他绿地，包括郊野公园、野生动植物园等"，也可以理解为上标是将公园属性的农用地类纳入建设用地体系中。

深标只分为公园绿地和广场用地，而把"郊野公园、防护绿地等"分离出建设用地，划分到农林和其他用地（E2）中。可能是因为深圳城市特有的地形特点，山体水系较多，需要在满足城市人均绿地指标的前提下，减少绿地类建设用地规模，强化其他建设用地指标。（详见表4-48、表4-49、表4-50）

表 4-48　京标、上标、深标绿地与广场用地类分类对比表（大类、中类）

京标（2012）				上标（2016）				深标（2018）			
大类		中类		大类		中类		大类		中类	
代码	名称	代码	名称	代码	名称	代码	名称	代码	名称	代码	名称
G	绿地与广场用地	G1	公园绿地	G	绿地	G1	公共绿地	G	绿地与广场用地	G1	公园绿地
		G2	防护绿地			G2	生产防护绿地			G4	广场用地
		G3	广场用地			G9	其他绿地				
		G4	生态景观绿地								
		G5	园林生产绿地								

表 4-49　京标、上标、深标增加或改变分类的绿地类型对比表

增加或改变分类的绿地类型表达方式	表达方式		
	京标（2012）	上标（2016）	深标（2018）
	生态景观绿地（G4） 景观游憩绿地（G41） 生态保护绿地（G42） 园林生产绿地（G5）	其他绿地（G9） （除 GIG2 之外的其他绿地，包括郊野公园、野生动植物园等）	农林和其他用地（E2）（包括郊野公园、高尔夫绿地、防护绿地等）

表 4-50　京标、上标、深标用地分类（大类、中类）对比表

京标（2012）				上标（2016）				深标（2018）			
大类		中类		大类		中类		大类		中类	
代码	名称	代码	名称	代码	名称	代码	名称	代码	名称	代码	名称
R	居住用地	R1	一类居住用地	R	居住用地	Rr	住宅组团用地	R	居住用地	R1	一类居住用地
		R2	二类居住用地			Rc	社区级公共服务设施用地			R2	二类居住用地
		R3	三类居住用地			Rs	基础教育设施用地			R3	三类居住用地
										R4	四类居住用地
A	公共管理与公共服务用地	A1	行政办公用地	C	公共设施用地	C1	行政办公用地	GIC	公共管理与服务设施用地	GIC1	行政管理用地
		A2	文化设施用地			C2	商业服务业用地			GIC2	文体设施用地
		A3	教育科研用地			C3	文化用地			GIC4	医疗卫生用地
		A4	体育用地			C4	体育用地			GIC5	教育设施用地
		A5	医疗卫生用地			C5	医疗卫生用地			GIC6	宗教用地
		A6	社会福利用地			C6	教育科研设计用地			GIC7	社会福利用地
		A7	文物古迹用地			C7	文物古迹用地			GIC8	文化遗产用地
		A8	社区综合服务设施用地			C8	商务办公用地			GIC9	特殊用地
		A9	宗教用地			C9	其他公共设施用地				

京标（2012）				上标（2016）				深标（2018）			
大类		中类		大类		中类		大类		中类	
代码	名称	代码	名称	代码	名称	代码	名称	代码	名称	代码	名称
B	商业服务业设施用地	B1	商业用地					C	商业服务业用地	C1	商业用地
		B2	商务用地							C5	游乐设施用地
		B3	娱乐康体用地								
		B4	综合性商业金融服务业用地								
		B5	旅游设施用地								
		B9	其他服务设施用地								
M	工业用地	M1	一类工业用地	M	工业用地	M1	一类工业用地	M	工业用地	M1	普通工业用地
		M2	二类工业用地			M2	二类工业用地			M0	新型产业用地
		M3	三类工业用地			M3	三类工业用地				
		M4	工业研发用地			M4	工业研发用地				
		M5	职工宿舍用地								
W	物流仓储用地	W1	物流用地	W	仓储物流用地	W1	普通仓储用地	W	物流仓储用地	W1	仓储用地
		W2	普通仓储用地			W2	危险品仓储用地			W0	物流用地
		W3	特殊仓储用地			W3	堆场用地				
						W4	物流用地				
S	城市道路与交通设施用地	S1	城市道路用地	S	道路广场用地	S1	道路用地	S	交通设施用地	S1	区域交通用地
		S2	城市轨道交通用地			S2	轨道站线用地			S2	城市道路用地
		S3	地面公共交通场站用地			S3	社会停车场用地			S3	轨道交通用地
		S4	社会停车场用地			S4	公交场站用地			S4	交通场站用地
		S5	加油加气站用地			S5	广场用地			S9	其他交通设施用地
		S9	其他交通设施用地			S6	综合交通枢纽用地				
						S9	其他交通设施用地				

京标（2012）				上标（2016）				深标（2018）			
大类		中类		大类		中类		大类		中类	
代码	名称	代码	名称	代码	名称	代码	名称	代码	名称	代码	名称
U	市政公用设施用地	U1	供应设施用地	U	市政设施用地	U1	供应设施用地	U	公用设施用地	U1	供应设施用地
		U2	环境设施用地			U2	邮电设施用地			U5	环境卫生设施用地
		U3	安全设施用地			U3	环境卫生设施用地			U9	其他公用设施用地
		U4	殡葬设施用地			U4	施工与维修设施				
		U9	其他公用设施用地			U5	殡葬设施用地				
						U6	消防设施用地				
						U9	其他市政设施用地				
G	绿地与广场用地	G1	公园绿地	G	绿地	G1	公共绿地	G	绿地与广场用地	G1	公园绿地
		G2	防护绿地			G2	生产防护绿地			G4	广场用地
		G3	广场用地			G9	其他绿地				
		G4	生态景观绿地								
		G5	园林生产绿地								
E	非建设用地	E1	水域	E	水域和未利用土地	E1	水域	E	其他用地	E1	水域
		E2	农林用地			E9	其他未利用土地			E2	农林和其他用地
		E9	其他非建设用地	N	农用地					E9	发展备用地
D	特殊用地	D1	军事用地	D	特殊用地	D1	军事用地				
		D2	外事用地			D2	外事用地				
		D3	安保用地			D3	保安用地				
T	区域交通设施用地	T1	铁路用地	T	对外交通用地	T1	铁路用地				
		T2	公路用地			T2	公路用地				
		T3	港口用地			T3	管道运输用地				
		T4	机场用地			T4	港口用地				
		T5	管道运输用地			T5	机场用地				
		T6	区域综合交通枢纽用地								

京标（2012）				上标（2016）				深标（2018）			
大类		中类		大类		中类		大类		中类	
代码	名称	代码	名称	代码	名称	代码	名称	代码	名称	代码	名称
F	多功能用地	F1	住宅混合公建用地	Z	综合用地						
		F2	公建混合住宅用地								
		F3	其他类多功能用地								
		F8	绿隔政策区生产经营用地								
X	待深入研究用地			X	城市发展备建用地	Xc	公共设施备建用地				
						Xu	市政设施备建用地				
						Xx	其他备建用地				
				K	控制用地	Kg	生态控制用地				
						Kb	城市发展预留用地				
H14	村庄建设用地										
N	采矿用地										
H9	其他建设用地										
C	保护区用地										
大类个数		中类个数		大类个数		中类个数		大类个数		中类个数	
17		58		11		50		9		31	
创新大类个数		创新中类个数		创新大类个数		创新中类个数		创新大类个数		创新中类个数	
3		12		3		10		—		4	

注：中大类的数字统计不包含所属"城乡用地分类和代码表"中的 E 类和 N 类；表尾增加个数均指与 90 版国标或 11 版国标相比各城市用地分类创新的类别个数

5

开发强度比较

5.1 北京规定中开发强度的控制方法

北京规定中对开发强度的控制主要落实到地块的容积率，其中的一个章节主要讲的是关于容积率的定义及建筑面积的计算方式，并没有涉及城市层面或区域层面开发强度总体控制的概念，也没有具体回答容积率如何而来的问题。因此，本文对北京规定中的相关内容不做过多阐述。

5.2 上海规定（控规标准）中开发强度的控制方法

5.2.1 上海规定（控规标准）开发强度控制方法总体思路

1.分三个层次，采用"大面＋小面＋点"的控制方式

上海规定（控规标准）的开发强度控制方法采用"大面＋小面"的总体控制和"点"的详细控制。

"大面"即以上位规划确定的建设总量为依据，对全市各个区域的开发强度进行控制。按照功能布局特点，综合考虑交通条件、环境影响等因素，结合城市总体规划中的城镇体系结构，分为主城、新城、新市镇三个等级。

"小面"即针对具体用地功能进行控制。用地功能主要分为住宅组团用地和商业服务业用地、商务办公用地两大类。

"点"即针对两大类用地中单地块或混合性质地块提出的具体的强度区与容积率控制值。

2.体现公交为导向，郊区递减的原则

上海规定（控规标准）对开发强度的控制主要采用强度区和各强度区基本容积率与特定容积率控制值的方式。

对强度区的确定是以轨交站点 500 m、800～1500 m 服务范围影响程度进行的分级。对特定强度的确定是针对某一街坊 50% 以上（含 50%）的用地位于轨道交通站点 300 m 服务范围内而定。可见开发强度的控制与轨道交通站点服务范围密切相关。

对主城区和新城、新市镇采用递减的控制等级。主城区分为五个强度区，住宅组团用地基本强度可达到容积率 2.5，特定强度可大于容积率 3.0，商业服务业用地和商务办公用地基本强度可达容积率 4.0，特定强度可大于容积率 5.0。新城、新市镇分为三个强度区，住宅组团用地基本强度仅达到容积率 2.0，特定强度达到容积率 2.5，商业服务业用地和商务办公用地基本强度仅达到容积率 3.0，特定强度达到容积率 4.0。

5.2.2 针对两大类用地的具体控制方法

上海规定（控规标准）内对住宅组团用地、商业服务业用地和商务办公用地两大类用地开发强度的控制主要采用强度区和各强度区基本容积率与特定容积率控制值的方式。

1. 主城区开发强度控制方法

主城区采用五个等级的强度区控制，按轨道交通服务水平、公共设施服务水平以及其他发展条件等确定强度区。强度区分为五个等级：Ⅰ级强度区、Ⅱ级强度区、Ⅲ级强度区、Ⅳ级强度区、Ⅴ级强度区。

主城区强度区划分方法：采用轨道交通线网密度作为主城区强度区划分的主要计算依据。依据轨道交通站点服务范围赋予不同的分值：轨道交通站点 500 m 服务范围以内，分值 1.0；轨道交通站点 500～800 m 服务范围以内，分值 0.7；轨道交通站点 800～1500 m 服务范围以内，分值 0.3。将不同线路站点的服务范围进行叠合，对应范围的分值进行累加，叠合由计算得到的轨道交通站点的 500 m、800 m、1500 m 服务范围，对应的分值进行累加，得到不同区域的轨道交通影响程度数值 S。按照累加数值 S 的大小进行分级：一级强度区（S=0）；二级强度区（0 < S < 1.0）；三级强度区（1.0 ≤ S < 2.0）；四级强度区（2.0 ≤ S < 3.0）；五级强度区（S ≥ 3.0）。

在各级强度区内，某一街坊 50% 以上（含 50%）的用地位于轨道交通站点 300 m 服务范围内，该街坊采用此级强度区的特定强度。此强度区的其他街坊采用相应的基本强度。（图 5-1）

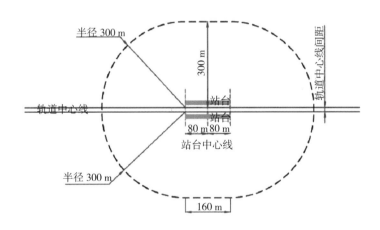

图 5-1 轨道交通站点 300 m 服务范围示意图

2. 新城、新市镇开发强度控制方法

新城和新市镇采用三个等级的强度区控制，根据上位规划，按城镇内部各地区与城镇公共活动中心的区位关系、交通支撑条件、人口密度等确定强度区，强度区分为三个等级：Ⅰ级强度区、Ⅱ级强度区、Ⅲ级强度区。（表 5-1）

表 5-1 主城区与新城、新市镇开发强度指标对比表

用地性质	区域	开发强度	强度区				
			Ⅰ级强度区	Ⅱ级强度区	Ⅲ级强度区	Ⅳ级强度区	Ⅴ级强度区
住宅组团用地	主城区	基本强度	≤1.2	1.2~1.6（含1.6）	1.6~2.0（含2.0）	2.0~2.5（不含2.5）	2.5
		特定强度	—	—	≤2.5	≤3.0	>3.0
	新城、新市镇	基本强度	≤1.2	1.2~1.6（含1.6）	1.6~2.0（含2.0）	—	
		特定强度	≤1.6	≤2.0	≤2.5		
商业服务业用地和商务办公用地	主城区	基本强度	1.0~2.0（含2.0）	2.0~2.5（含2.5）	2.5~3.0（含3.0）	3.0~3.5（含3.5）	3.5~4.0（含4.0）
		特定强度	—	—	≤4.0	≤5.0	>5.0
	新城、新市镇	基本强度	1.0~.0（含2.0）	2.0~2.5（含2.5）	2.5~3.0（含3.0）	—	
		特定强度	≤2.5	≤3.0	≤4.0		

通过主城区与新城、新市镇开发强度的对比发现，两大类用地主城区与新城、新市镇Ⅰ级至Ⅲ级强度区内，基本强度一致；Ⅲ级强度区内特定强度一致；Ⅰ级强度区和Ⅱ级强度区内主城区没有设置特定强度，新城、新市镇给出了具体的特定强度范围值。

5.2.3 其他类用地开发强度的控制方法

除住宅组团用地、商业服务业用地和商务办公用地外，上海规定（控规标准）内还涉及工业用地和科研设计用地，但没有给出具体的控制方法。

只是提出"工业用地的容积率指标不宜低于1.2，使用特殊工艺的工业用地，其容积率指标可根据实际情况具体确定。科研设计用地、工业研发用地的开发强度在符合产业导向、环境保护要求等前提下，可参照同地区商业服务业用地和商务办公用地的开发强度控制"。

在2016年上海出台的《关于本市盘活存量工业用地的实施办法》（沪府办〔2016〕22号）中明确了工业用地转型过程中的实施细则，明确了未出让工业用地的容积率不大于2.0，调整为研发总部类用地的容积率不大于4.0。

5.3 深圳规定中开发强度的控制方法

5.3.1 深圳市开发强度控制方法总体思路

1. 分两个层次，"面 + 点"结合的控制方式

深圳市开发强度的控制由密度分区和容积率两大部分综合确定的。综合来看，深圳规定的开发强度控制方法采用的是"面 + 点"的方式：先对城市建设用地进行了统一的等级分区，从空间上直观表达，即"面"；然后对各类用地的容积率根据密度分区、基准容积率、上限控制、修正系数等相结合后进行具体控制，即"点"。

2. "技术论证 + 程序批准"强调技术标准与参考准则，未强调其法定强制性

结合深圳规定的总体思路方法，对开发强度的控制同样以技术参考为主，没有强调其强制性，需结合相关影响条件综合研究论证，按程序批准确定。

在深圳规定中明确表达"按本标准与准则确定的地块容积及容积率仅作为技术参考，具体地块容积及容积率应结合相关影响条件综合研究论证，按程序批准确定""按有关规定，通过开展专题研究，按程序批准确定"等内容。

3. 对地块容积率以"综合性研究论证 + 多方因素综合统筹"的方式确定

深圳规定强调地块的容积率控制不仅仅根据本规定进行机械计算，同时强调多因素的考虑，并对多因素进行条件论证后，按程序批准确定。

"地块容积及容积率确定应满足公共服务设施承载力、交通市政设施承载力、历史保护、地质条件、生态保护等要求，并满足日照、消防等规范要求。"

"居住用地地块容积及容积率确定须同时校核所在地区的教育、医疗等公共设施服务水平。"

4. 主要针对居住、商业服务业、工业和物流仓储四大类用地进行开发强度控制指引

深圳规定主要对居住、商业服务业、工业和物流仓储四大类用地及其混合使用的地块容积及容积率确定予以指引，对公共服务设施、交通市政设施、机场、港口等用地的地块容积及容积率不做具体规定。

对"涉及特色风貌、生态保护、文物保护、机场净空、微波通道、气象探测环境保护、油气管线防护、危险品仓库、核电站防护等因素的特定地块，应按有关规定适当降低地块容积及容积率，通过开展专题研究，按程序批准确定。"

"在城市更新、按照等价值评估确定土地安置规模的特定类型的土地整备、经市政府批准的城市设计重点地区、政策性住房用地、经市相关主管部门批准的地下空间规划地区等特定地区，为实现城市综合效益，在满足公共服务设施、交通设施和市政设施等服务能力的前提下，具体地块容积及容积率经专题研究后，可在本标准与准则的基础上适当提高，具体规则由市相关主管部门另行制定。"

5.3.2 具体控制方法

1. 城市总体密度分区

城市密度分区即上面提到的"面"，主要指城市建设用地（不包括机场、港口、核电站等特殊管理地区）的密度分区，在深圳规定内基本确立了五个等级分区，直观地表达了各地区开发强度的空间分布。（详见表 5-2、图 5-2）

表 5-2　深圳规定城市建设用地密度分区等级基本规定表

序号	密度分区	开发建设特征
1	密度一区	高密度
2	密度二区	中高密度
3	密度三区	中密度
4	密度四区	中低密度
5	密度五区	低密度

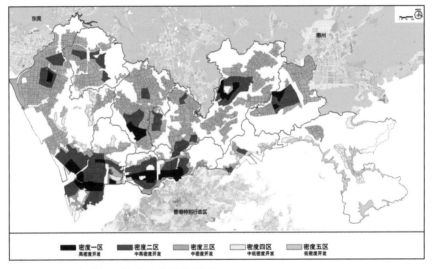

图 5-2　深圳市建设用地密度分区指引图

图片来源：http://pnr.sz.gov.cn/xxgk/gggs/201901/t20190103_481028.html

2. 各类用地开发强度的具体规定

深圳规定内不是简单地对地块的容积率进行控制，而是主要以地块容积的计算来规定某地块的开发强度。其中地块容积是指"地块内的规定建筑面积，包含地上规定建筑面积与地下规定建筑面积"。"地块容积率"是指地块容积与地块面积的比值。

（1）地块容积（FA）的确定方式

a. 单一功能用地地块容积（FA）的确定方式

地块容积由基础容积、转移容积、奖励容积三部分组成。

地块容积（FA）≤ 地块基础容积（FA 基础）+ 地块转移容积（FA 转移）+ 地块奖励容积（FA 奖励）

b. 混合功能用地地块容积（FA）的确定方式

地块各类功能基础容积之和（FA 基础混合）= FA 基础 1 × K1+FA 基础 2 × K2…；

"FA 基础 1、FA 基础 2…"分别为该地块基于各类单一用地功能的地块基础容积；

"K1、K2…"分别为该地块各类功能的地块基础容积混合修正权重。

（2）地块基础容积（FA 基础）的确定方式

地块基础容积由各地块基准容积率、修正系数（包括地块规模修正系数、周边道路修正系数、地铁站点修正系数）和地块面积确定。

地块基础容积（FA 基础）＝密度分区地块基准容积率（FAR 基准）×〔1- 地块规模修正系数（A1）〕×〔1+ 周边道路修正系数（A2）〕×〔1+ 地铁站点修正系数（A3）〕× 地块面积（S）；

各地块的基准容积率根据密度分区、用地性质的不同而区别分类，在深圳规定内给出了具体的指引。

表 5-3　居住用地地块容积率指引表

分级	密度分区	基准容积率	容积率上限
1	密度一、二区	3.2	6.0
2	密度三区	3.0	5.5
3	密度四区	2.5	4.0
4	密度五区	1.5	2.5

注：密度三区范围内的居住用地地块若位于地铁站点 500 m 范围内的，其容积率上限可按照密度一、二区执行。

表 5-4　商业服务业用地地块容积率指引表

序号	密度分区	基准容积率
1	密度一区	5.4
2	密度二区	4.5
3	密度三区	4.0
4	密度四区	2.5
5	密度五区	2.0

表 5-5　工业用地地块容积率指引表

分级	密度分区	新型产业用地基准容积率	普通工业用地基准容积率
1	密度一、二、三区	4.0	3.5
2	密度四区	2.5	2.0
3	密度五区	2.0	1.5

表 5-6　物流仓储用地地块容积率指引表

分级	密度分区	物流用地基准容积率	仓储用地基准容积率
1	密度一、二、三区	4.0	3.5
2	密度四区	2.5	2.0
3	密度五区	2.0	1.5

通过表 5-3～表 5-6 可见，对新型产业用地及物流用地均给出了较高的基准容积率以鼓励产业更新发展，且除居住用地外都没有容积率上限控制。

各地块的修正系数（同样只针对居住用地、商业服务业用地、工业用地及物流仓储用地）包括地块规模修正系数、周边道路修正系数和地铁站点修正系数。在深圳规定内对此三类修正系数也给出了比较详细的取值。

a. 地块规模修正系数

地块规模修正系数与地块规模大小有关,基准用地规模表见表 5-7。当地块面积小于等于基准用地规模时,地块规模修正系数为 0。地块面积大于基准用地规模时,地块修正系数按超出基准用地规模每 0.1 hm^2 计 0.005 并累加计算,不足 0.1 hm^2 按 0.1 hm^2 修正,最大取值小于等于 0.3。通过计算可以发现,地块规模越大,地块容积越小。

表 5-7　基准用地规模表

用地功能	基准用地规模 /hm^2
居住用地	2
商业服务业用地	1
普通工业用地	3
新型产业用地	1
仓储用地	5
物流用地	2

b. 周边道路修正系数

根据地块与周边城市道路的关系,周边道路修正系数依据地块周边毗邻城市道路的情况分为一边、两边、三边及周边临路四类(修正系数可见表 5-8)。通过计算可以发现,地块临道路越多,地块容积越大。

c. 地铁站点修正系数

根据地块周边地铁站点数量及覆盖情况进行修正。车站类型分为多线车站(两站及以上)、单线车站两类;以站台几何中心作为规定半径计算圆心,规定半径分为 0~200 m、200~500 m 两个等级;对跨越不同规定半径的地块,宜依据相应的修正系数和影响范围面积加权平均,折算到整个地块;远期实施的地铁线路站点原则上不考虑修正系数(修正系数可见表 5-8)。通过计算可以发现,地块离地铁站点越近,地块容积越大。

表 5-8　地块修正系数统计表

地块规模修正系数			周边道路修正系数		地铁站点修正系数				
					同一车站的地铁站点				
类别	修正系数	备注	地块类别	修正系数	距离站点	多线车站修正系数		单线车站修正系数	
≤基准用地规模	0	—	一边临路	0	0~200 m	+ 0.7		+ 0.5	
					200~500 m	+ 0.5		+ 0.3	
			两边临路	+ 0.1	不同车站重叠覆盖的地铁站点				
>基准用地规模	按超出基准用地规模每 0.1 公顷计 0.005,并累加计算	不足 0.1 hm^2 按 0.1 hm^2 修正,最大取值不大于 0.3			—	a1	a2	b1	b2
			三边临路	+ 0.2	a1	+ 0.7	+ 0.7	+ 0.7	+ 0.7
					a2	+ 0.7	+ 0.5	+ 0.5	+ 0.5
			周边临路	+ 0.3	b1	+ 0.7	+ 0.5	+ 0.5	+ 0.5
					b2	+ 0.7	+ 0.5	+ 0.5	+ 0.3

注: a1 代表多线车站 0~200 m 覆盖范围; a2 代表多线车站 200~500 m 覆盖范围; b1 代表单线车站 0~200 m 覆盖范围; b2 代表单线车站 200~500 m 覆盖范围

同时规定"居住用地、商业服务业用地、工业用地及物流仓储用地地块均需进行地块规模修正。周边道路修正系数和地铁站点修正系数同时存在时，商业服务业用地、新型产业用地、物流用地地块可进行重复修正，居住用地地块仅选取其中最大值修正。普通工业用地、仓储用地地块仅进行周边道路修正，不做地铁站点修正。"

（3）转移容积、奖励容积的确定方式

地块转移容积是地块开发因特定条件，如公共服务设施、市政交通设施、历史文化保护、绿地公共空间系统等因公共利益制约而转移的容积部分。

地块奖励容积是为保障公共利益目的实现而奖励的容积部分，地块奖励容积最高不超过地块基础容积的 30%。

深圳规定内未给出此两种容积的具体值，而是明确"规划主管部门在本标准与准则基础上另行制定转移容积和奖励容积的相关规定"。

3. 特定地块密度分区与容积

（1）密度分区未覆盖地区，一般城市建设用地根据"相邻相同"原则予以确定；对于临近基本生态控制线或位于基本生态控制线范围内的生态敏感用地，则按照"相邻降级"原则予以确定。

（2）"适度减量"特定地区，对于密度分区内涉及特色风貌、生态敏感、核电防护、地质安全等因素的特定地块，执行"适度减量"原则，应适当降低开发强度。

（3）"适度增量"特定地区，以下地区可适当提高开发强度：

① 城市更新地区；② 基于等价值原则的特定类型的土地整备用地；③ 市政府批准、需塑造特定的城市形象与风貌的重点地区；④ 保障房项目；⑤ 地下空间开发部分；⑥ 其他经研究认为符合实现城市综合利益的情形。

5.4 上海规定（控规标准）与深圳规定开发强度总体控制的思路比较

5.4.1 均对应城镇体系与城市发展结构

在上海规定中，是按照城镇功能布局特点，综合考虑交通条件、环境影响等因素，结合城市总体规划中的城镇体系结构，分为主城、新城、新市镇三个等级，并对三个等级进行强度控制，这与上海总体规划中的城镇体系结构是一致的。

在深圳规定中，是对城市建设用地进行统一的等级分区，分为一至五级密度分区等级，密度分区等级高的地区基本对应深圳城市发展结构中发展中心或组团中心区域，如位于城市南部密度一区和二区比较集中的区域对应的是深圳中心城区的前海中心和福田 – 罗湖中心，中部密度一区和二区比较集中的区域对应深圳中部分区的龙华中心区域，东北部密度一区和二区比较集中的区域对应深圳东部分区的龙岗中心，可以发现深圳规定中的用地密度分区实质上也是与城市结构相挂钩的。因此，二者均对应了各自城市发展的空间体系与结构。（图 5-3）

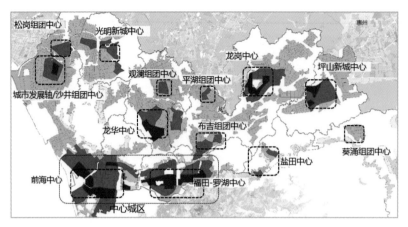

图 5-3　深圳市建设用地密度分区与深圳总规中城市总体结构对照图

图片来源：笔者自绘

5.4.2　开发强度的具体操作方法不同

1. 上海规定（控规标准）开发强度控制方法

本文将上海规定（控规标准）对于开发强度的控制方法归纳为"经线纬线控制法"
（图5-4）。横向纬线代表了根据总体规划城镇体系中划分的主城区与新城、新市镇三
级；纵向经线代表不同的用地性质（主要为住宅组团用地、商业服务业和商务办公用地
两大类）。整体体现的规律是：①住宅类地块开发强度低于商业商务类地块开发强度，
如同样是主城区，住宅类地块最高基本容积率为2.5，而商业商务类地块最高基本容积
率为4.0；②体现了由主城区向外围郊区逐步递减的规律，如同样是住宅类地块在主城
区中最高基本容积率为五级2.5，而在新城、新市镇则为三级2.0。

为了体现公交为主导的城市发展战略，特别是促进城郊形成以大容量轨道交通结合
地以公共交通为主导（TOD）的城市发展模式，上海提出了轨道交通站点周边容积率可
以提升修正的方法，即校验地块所在街区是否为50%以上（含50%）的用地位于轨道
交通站点300 m服务范围内，来确定是否符合高于基本强度的特定强度范围值。

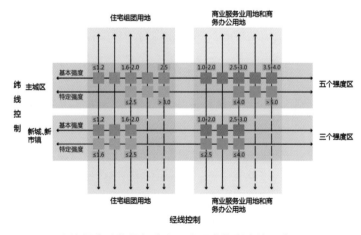

图 5-4　上海规定（控规标准）开发强度控制方法示意图

图片来源：笔者自绘

2. 深圳规定开发强度控制方法

本文将深圳对于开发强度的控制方法归纳为"有序推进法"（图 5-5）。其方法比较具体化，可具体到针对用地的单个地块。第一步"确定"，即明确地块的用地性质；第二步"查找"，即根据地块所属位置找到相应的密度分区下对应的基准容积率值；第三步"修正"，即根据地块的规模、临周边道路情况、与地铁站点的距离确定相应的修正系数。将相应的值输入规定的计算公式中可得出基础容积的值，再根据规划主管部门确定的奖励容积与转移容积的值，三者相加即可得出地块的容积，除以对应地块的面积即为地块的开发强度。

深圳规定内的密度分区具体、直观，在城市规划中形成多个副城市中心，与中心城区并列发展，合理地表达了集约高效、区域协作、有序发展的战略。

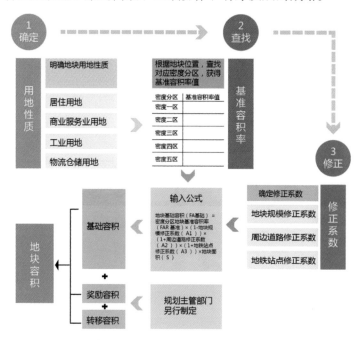

图 5-5　深圳规定中地块容积控制方法示意图

图片来源：笔者自绘

5.5　影响城市开发强度的主要因素

5.5.1　城市土地经济学原理

土地和土地市场的经济特征包括土地资源的稀缺性、边际效益递减性、土地利用方式变更的困难性、区位的效益性、土地价值的资本化、城市土地市场的低效性。[1]

阿隆索用新古典主义经济理论解析了区位、地租和土地利用之间的关系。随着选址与城市中心的距离递增，即区位可达性递减，则各种土地使用者的效益递减，但边际变化率是不相同的。（图 5-6）

---

① 赵民,陶小马.城市发展和城市规划的经济学原理[M].北京:高等教育出版社,2001.

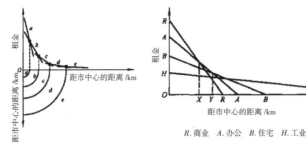

图 5-6　城市土地使用空间　图 5-7　土地租金和土地使用模式
模式与地租竞价曲线

图片来源：《城市发展和城市规划的经济学原理》，2001 年，赵民、陶小马编著

由于城市的不同功能活动对城市土地的空间位置的依赖程度不同，城市的零售商业、办公事务所、住宅、工业等用地各自存在着不同的地租竞价曲线（图 5-7），这些曲线表示用地单位个体在不同选址情况下，仍能获得正常利润时所能支付的最大商业租金。办公和事务所等需要临近城市核心区，可以通过提高建筑容积率来集约用地，以抵消高额地租的压力。

图 5-8　匹兹堡，宾夕法尼亚州

图片来源：New American Urbanism Re-from the Suburban Metropolis

图 5-9　上海中心城区

图片来源：https://pixabay.com/zh/photos/shanghai-the-window-sunny-days-city-2303480/

这种土地经济与城市空间的关系，在美国大城市（图 5-8）中可以直观地体现出来。城市的空间形象、城市建筑物聚集度、建筑物的高度等图面，把土地经济学中的这一原理表现得淋漓尽致。反观中国的特大城市，如上海中心城区（图 5-9）城市空间形象体现得没有那么清楚，要从更大的尺度上才得以体现。

城市在土地资源稀缺性的前提下，使土地价值得以提升。城市中不同的经济活动、社会活动助推城市不断发展，城市空间不断整合、延伸或拓展，从而使土地价值的落差日益明显。随着人类文明的进步，城市化水平不断提升，城市管理者们开始有意识地"经营"城市，以培养那些可以成为"热点"的、具有价值提升的"重点地区"。如果旧城改造是让城市中原来价值较高的地区升级换代的话，那么"不断地拓展新区、新城或者人来人往的交通节点，以打造各种能级的'微中心'"，这一促进城市土地价值不断升值的城市经营活动在过去二三十年中在中国大地上乐此不疲地展开着。

5.5.2 城市空间结构和发展预期

当一张城市总体规划用地图摊在人们面前时，它传递着两个信息：一是城市未来一段时间内发展到什么样子的二维展示，它反映出诸如架桥修路、增加绿地、拓展新区等明确实在的信息；二是未来城市建设发展中有什么新的思路，抓什么重点或者突出什么亮点，它反映着城市经营者对城市未来发展的信心，反映着投资者们从中可以嗅出新的投资机会。

1. 老旧城区改造与新区（新城）建设

老区改造对投资者而言是一个低风险的机会，老区本身就具有一定的土地价值，改造活动将会进一步提升其价值，但是老区改造成本高、投入大，这也是一般投资者望而却步的主要原因。相应的，老区改造中地块容积率在上海规定、深圳规定中均有加高的倾向，这也符合土地经济的规律。

随着经济发展，城市化水平不断提升，加之老区改造成本持续增加，城市也不断向外围拓展。这就形成了各种类型新区（新城）。上海浦东新区作为改革开放的窗口，隔着黄浦江与西部上海老城区相望。浦东新区规划中将中央商务区（CBD）（图5-10）放在黄浦江东侧，经过30余年的建设，逐步形成以金茂大厦、上海中心、环球金融中心等三幢超高层和高层群，以及东方明珠标志性观光塔为形象代表的新一代城市形象，与对岸传统外滩万国建筑相呼应，共同构成了一幅美妙的城市风景，成为城市发展中和谐相处、相得益彰的典范。

新区（新城）的规划建设是以吸引人口、落位产业、提振经济为重要手段。同时新区（新城）对各类等级的核心区或中心区的打造，能起到"聚核""引领"的作用，进一步提升土地价值。

图 5-10　上海 CBD 地区

图片来源：http://dy.163.com/v2/article/detail/E2B5MTGA0525EA4J.html

2. 聚核交通枢纽

以高铁、机场、长途客运大型公共交通运输设施为核心，并与城市多条地铁线、快速干道网相衔接，打造全方位立体型的换乘中心和交通枢纽。并以此为核心，结合相关服务业的引入从而拓展成为城市中心区。这一情况在能级很高的一线城市中才能实现。目前上海虹桥地区的发展正是这种城市聚核模式的体现（图5-11～图5-13）。

图 5-11 上海虹桥枢纽及周边鸟瞰图之视角（一）

图片来源：https://www.sohu.com/a/152521902_683823

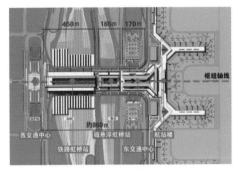

图 5-12 上海虹桥枢纽平面示意图

图片来源：http://www.tjupdi.com/new/index.php?classid=9164&newsid=17626&t=show

图 5-13 上海虹桥枢纽及周边鸟瞰图之视角（二）

图片来源：http://www.tugongmo.net/article-item-5875.html

在一般能级的城市中，往往都意图以高铁站为核心，形成高铁新区（新城）；或者以机场为核心，打造空港城。这样的意图如果能够成功的话，需要有以下几个要素叠加：第一，城市的能级要高，省会城市也不一定能成功；第二，所在城市的区位条件，如郑东新区高铁核心区（图5-14～图5-16）之所以能初具规模，这与郑州市本身就是中原地区交通集散地有很大关系；第三，要与现有城市功能无缝对接，新旧越独立，成功的难度越大；第四，最好是航空与高铁等交通功能叠加，这种可能性一般很小，郑东新区高铁核心区为了达到这一目标，专门建设了一条轨道交通线与空港相连。

图 5-14　郑东新区高铁枢纽核心区鸟瞰图

图片来源：https://bbs.zhulong.com/102020_group_200615/detail21029313/

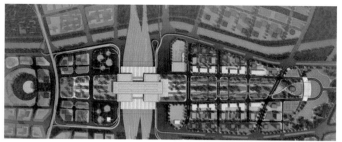

图 5-15　郑东新区高铁枢纽核心区规划平面示意图

图片来源：http://dy.163.com/v2/article/detail/EFFGG23005465KRL.html

图 5-16　郑东新区高铁枢纽核心区实景照片

图片来源：http://fly-yong.tuchong.com/20446935/

3. 聚核交通节点

事实上，除了城市总体规划确立的市级中心、市级副中心或区级中心等之外，很多地方结合其特殊的区位和便利的交通条件往往能形成在规划图上找不到等级的"微中心"。

第一类就是地铁上盖（图 5-17～图 5-22）。香港地铁九龙站结合高铁站将地面商业住宅综合开发与地下交通换乘结合一起打造，形成一种"特高强度"的开发模式。这种模式在人口稠密、经济发达的城市中比较常见。另一类就是市郊轨道交通站结合换乘形成一定的复合型的商业空间。这种 TOD 模式在新加坡比较成功，在上海市郊地铁站综合开发也有一定的体现。无论是上海规定（控规标准）或深圳规定，都对地铁周边开发适当地提高开发强度做了明确规定。

图 5-17　香港地铁九龙站上盖物业（一）

图片来源：https://www.sohu.com/a/204301127_281835

图 5-18　香港地铁九龙站上盖物业（二）

图片来源：https://www.sohu.com/a/270461030_672680

图 5-19　上海徐家汇中心地铁上盖（一）

图片来源：http://dy.163.com/v2/article/detail/
F9ONTL4005374P3Q.html

图 5-20　上海徐家汇中心地铁上盖（二）

图片来源：http://dy.163.com/v2/article/detail/
F9ONTL4005374P3Q.html

图 5-21　新加坡榜鹅轻轨站

图片来源：http://dy.163.com/v2/article/detail/DR6Q6TBI0525BMR0.html

图 5-22　新加坡榜鹅轻轨站及附近功能
分区示意图

图片来源：笔者自绘

第二类"微中心"往往不大引起城市管理者的注意，那就是一些特定的高速公路出入口附近交通便捷的地区。在批评美国城市无序蔓延的文献中，经常会提到一条"带状"开发模式，即沿高速公路一个口接一个口的开发模式（图5-23）。事实上这种模式在我国也存在，只是常常被忽略掉了，有的干脆归类为城镇新板块。事实上，这些高速公路口的开发内容往往与当地城镇没有多大关系。上海沪青平高速公路赵巷出入口（图5-24、图5-25）就是一个很好的例子，这里聚集着奥特莱斯、家具中心等大型商业，完全服务于市中心的人口。随着轨道交通的进入，该地区也逐步引入生产性服务业和科技研发等产业，进入以综合开发为导向的城市化新阶段。

　　这种"微中心"往往在市郊，如果远离轨道交通站点，其开发强度就会受到限制。实际情况是，如果这些节点等"微中心"发展良好的话，其土地价值不会比一般"规划中心区"的价值低。但是，在我们的相关技术文件里面没有适当的表述。

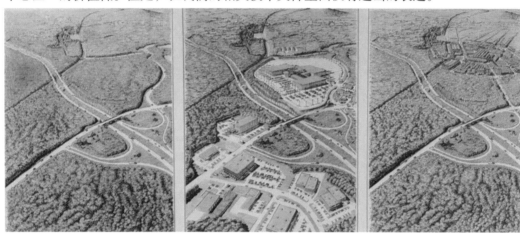

图 5-23　邻近高速出入口城市发展模式示意图

图片来源：*New American Urbanism Re-froming the Suburban Metropolis*

图 5-24　沪青平公路赵巷出入口周边发展规划鸟瞰图

图片来源：https://dbsqp.com/article/110990

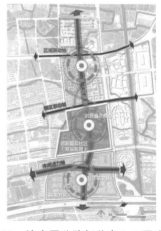

图 5-25　沪青平公路赵巷出入口周边发展规划结构示意图

图片来源：https://dbsqp.com/article/110990

上海沪青平公路赵巷出入口周边发展，由商贸聚集地向科技研发、生产服务等综合方向转变。

4. 聚核绿心

在新区（新城）开发的两种模式，即第一种围绕中央商务区、第二种围绕交通枢纽或节点，这两种模式较为普遍。近十几年来，随着生态意识、环境意识等可持续发展的意识逐步深入人心之后，形成了以绿为心的第三种模式，或者是这三种模式的相互结合。"绿心"即大型城市公园，并非是什么新概念。早期19世纪纽约就规划了中央公园（图5-26），并且使纽约受益至今，真可谓是具备"超前意识"和"规划眼光"。

绿色的公共开放空间不仅为市民提供了休闲活动空间，而且也为城市保留了远距离欣赏城市风貌的空间，形成了"你看我，我看你"的效果（图5-27、图5-28）。公园周边相邻的一线土地价值得以明显提升，这也就是为什么纽约中央公园周围豪宅高楼林立的原因了。

同样的手法可以运用到各级"中心区"或"核心区"中去，只是大小规模因地而异。这正应了那句话：有了活力空间，城市才有活力。

图5-26　纽约中央公园

图片来源：http://699pic.com/tupian-501438803.html

图5-27　上海世纪公园

图片来源：https://www.sohu.com/a/115628179_391452

图5-28　围绕中央绿化开放空间展开的城市核心区发展

图片来源：AECOM《保定东湖片区开发策略与城市设计（2014）》

5.5.3 地块特征影响

在上海规定（控规标准）、深圳规定中都不约而同地指出，对城市土地开发强度的确定要考虑综合环境影响和交通条件。事实上，如果仅从个别地块来考虑这些问题，意义已经不大了。这需要从较大的范围通盘考虑，进行综合评估才行。所以在城镇总体规划层次把这些问题想清楚、讲清楚才会使该地区进入良性的发展建设轨道。但总有些地块由于种种原因如地块面积太大、周边相邻道路太少等而影响开发建设。

在深圳规定中对建设地块的大小以及其相邻周边道路的多少设定修正值，完全是有必要的正确的做法。

合理的道路网密度以及合理的道路面积对城市的良性发展十分重要，这需要建设开发容量与道路系统支撑能力相匹配。这点很重要，对城市而言，它需要合理的路网对城市活动进行有效支撑。对个别地块而言，道路的可达性对自身功能的展开也很重要。因此控制合理的建设容量才是关键。

按照深圳规定，同样条件下的住宅用地，$2\ hm^2$ 的用地容积率为 3.25，总量为 6.5；$5\ hm^2$ 的为 2.76，总量为 13.8；$10\ hm^2$ 的为 2.275，总量为 22.75。容积率是逐步递减的（见表 5-9）。$2\ hm^2$ 的用地与 $10\ hm^2$ 的用地相比，用地规模为 5 倍，但是开发总量仅为 3.5 倍。

表 5-9 住宅用地地块规模不同的条件下容积率确定值

地块用地性质	地块条件	密度四区，四周临路，500 m 范围内没有地铁站点，没有转移容积与奖励容积		
住宅用地	地块规模	$2\ hm^2$	$5\ hm^2$	$10\ hm^2$
	基准容积率	2.5	2.5	2.5
	最终容积率	3.25	2.76	2.275

同样条件下，商业服务用地，$0.3\ hm^2$ 的容积率为 3.36；$0.5\ hm^2$ 的容积率为 3.33；$1\ hm^2$ 的容积率为 2.5，容积率也是随地块面积增加而递减的（见表 5-10）。这体现出地块面积越大，开发量也大，对周边道路支撑要求也越高。在没有办法减少地块面积的前提下，只有适当减少该地块的开发强度。

表 5-10 商业服务业用地地块规模不同的条件下容积率确定值

地块用地性质	地块条件	密度四区，四周临路，500 m 范围内没有地铁站点，没有转移容积与奖励容积		
商业服务业用地	地块规模	$0.3\ hm^2$	$0.5\ hm^2$	$1\ hm^2$
	基准容积率	2.5	2.5	2.5
	最终容积率	3.36	3.33	2.5

同样规律可以体现在地块周边道路多少对开发容量的影响上。在相同条件下，地块一边有城市道路的容积率为 2.38，而四周有城市道路的为 3.09（见表 5-11）。在不可能改变道路格局的前提条件下，只能适当地降低地块周边道路条件不佳的地块的开发强度。

表 5-11　住宅用地周边道路情况不同的条件下容积率确定值

地块条件	住宅地块，面积为 3 公顷，密度四区，500 m 范围内没有地铁站点，没有转移容积与奖励容积			
周边道路情况	一边临路	两边临路	三边临路	四边临路
基准容积率	2.5	2.5	2.5	2.5
最终容积率	2.38	2.61	2.85	3.09

5.5.4　地块用地性质影响

不同的用地性质所对应的地块容积率控制值往往存在差异。住宅用地受生活区域、气候、光照等影响及国家或地方出台的相应规范使住宅用地的开发强度受到一定限制。

一般而言，住宅类地块开发强度低于商业类地块开发强度。如上海规定内，主城区住宅类地块最高基本容积率为 2.5，而商业商务类地块最高基本容积率为 4.0；新城、新市镇住宅类地块最高基本容积率为 2.0，而商业商务类地块最高基本容积率为 3.0。深圳规定内，住宅类地块基准容积率为 1.5～3.2，明显低于商业类地块基准容积率 2.0～5.4。

就提到的住宅用地开发强度受限，国家住建部于 2018 年出台的《城市居住区规划设计标准》（GB 50180—2018）（以下简称"居住区标准"）中，以"三圈一坊"和"建筑气候区"对居住区开发强度进行了分级控制（表 5-12、表 5-13）。

"三圈一坊"是指十五分钟生活圈、十分钟生活圈、五分钟生活圈和居住街坊。十五分钟生活圈即"以居民步行十五分钟可满足其物质与生活文化需求为原则划分的居住区范围，居住人口规模为 5 万～10 万人，配套设施完善的地区"；十分钟生活圈即"以居民步行十分钟可满足其基本物质与生活文化需求为原则划分的居住区范围，居住人口规模为 1.5 万～2.5 万人，配套设施齐全的地区"；五分钟生活圈即"以居民步行五分钟可满足其基本生活需求为原则划分的居住区范围，居住人口规模为 0.5 万～1.2 万人，配建社区服务设施的地区"；居住街坊即"住宅建筑组合形成的居住基本单元，居住人口规模在 1000～3000 人（用地面积 2～4 hm²），并配建有便民服务设施"。

"建筑气候区"是指中国《民用建筑设计通则》（GB 50352—2005）中将中国划分为了 7 个主气候区，20 个子气候区，并对各个子气候区的建筑设计提出了不同的要求。居住区标准按照纬度区间将气候 I 区、气候 Ⅶ 区分为一组；气候 Ⅱ 区、气候 Ⅵ 区分为一组；气候 Ⅲ 区、气候 Ⅳ 区、气候 Ⅴ 区分为一组，分别控制。

表 5-12　十分钟生活圈居住区用地控制指标

建筑气候区划	住宅建筑平均层数类别	人均居住区用地面积 /（m²·人）	居住区用地容积率	居住区用地构成 /%				
				住宅用地	配套设施用地	公共绿地	城市道路用地	合计
I 、Ⅶ	高层 I 类（10～18 层）	23～31	1.2～1.6	60～64	12～14	7～10	15～20	100
Ⅱ 、Ⅵ		22～28	1.3～1.7					
Ⅲ 、Ⅳ 、Ⅴ		21～27	1.4～1.8					

资料来源：《城市居住区规划设计标准》（GB 50180—2018）

表 5-13 居住街坊用地与建筑控制指标

建筑气候区划	住宅建筑平均层数类别	住宅用地容积率	建筑密度最大值/%	绿地密度最小值/%	住宅建筑高度控制最大值/m	人均住宅用地面积最大值/(m²·人)
Ⅲ、Ⅳ、Ⅴ	低层（1层～3层）	1.0～1.2	43	25	18	36
	多层Ⅰ类（4层～6层）	1.3～1.6	32	30	27	27
	多层Ⅱ类（7层～9层）	1.7～2.1	30	30	36	20
	高层Ⅰ类（10层～18层）	2.2～2.8	22	35	54	16
	高层Ⅱ类（19层～26层）	2.9～3.1	22	35	80	12

资料来源：《城市居住区规划设计标准》（GB 50180—2018）

上海属于第Ⅲ气候区。深圳属于第Ⅳ气候区。在居住区标准中，Ⅲ、Ⅳ气候区内，十五分钟生活圈至居住街坊四个等级的容积率最高值是逐步增高的，由 1.5 逐步升高至 3.0。（见表 5-14）

将居住区标准中Ⅲ、Ⅳ气候区就不同生活圈层给出的容积率范围值与上海规定（控规标准）、深圳规定做了一定的比较后发现：上海的指标在居住区标准范围内，深圳的指标多数超过居住区标准。

上海主城区或新城、新市镇所控制的基本强度与居住区标准"三圈一坊"对应后，基本容积率均在居住区标准范围值内。如上海主城区或新城、新市镇在Ⅰ级强度区内的基本强度最大值是1.2，居住区标准十五分钟生活圈容积率范围值为0.9～1.5；上海主城区Ⅴ级强度区基本强度为2.5，居住区标准居住街坊容积率范围值为1.0～3.0。

深圳除密度五区基准容积率在居住区标准范围内，其他密度分区的基准容积率值均高于居住区标准。如深圳密度四区基准容积率为2.5，而居住区标准十分钟生活圈容积率最大值为1.8；深圳密度一区、二区基准容积率为3.2，而居住区标准居住街坊容积率最大值仅为3.0。

表 5-14 居住区标准、上海规定（主城区）、深圳规定中住宅用地基准容积率控制值比较

城市居住区规划设计标准（2018）			上海规定（控规标准）（2016）			深圳规定（2018）	
				主城区	新城、新市镇		
气候区	生活圈层	住宅用地容积率范围值	强度区	基本强度	基本强度	密度分区	基准容积率
Ⅲ、Ⅳ气候区	十五分钟生活圈	0.9～1.5	Ⅰ级强度区	≤1.2	≤1.2	密度五区	1.5
	十分钟生活圈	0.8～1.8	Ⅱ级强度区	1.2～1.6（含1.6）	1.2～1.6（含1.6）	密度四区	2.5
	五分钟生活圈	0.8～2.0	Ⅲ级强度区	1.6～2.0（含2.0）	1.6～2.0（含2.0）	密度三区	3.0
	居住街坊	1.0～3.0	Ⅳ级强度区	2.0～2.5（不含2.5）	—	密度二区	3.2
			Ⅴ级强度区	2.5		密度一区	3.2

例如在深圳一块规模为 5.5 hm² 的住宅用地，位于密度三区内，四边临路，500 m 范围内没有地铁车站，没有奖励容积与转移容积，可知其基准容积率为 3.0。根据深圳规定内的公式计算后，可得出此地块最后的容积率为 3.2，是高于基准容积率的。也就是说，深圳住宅地块的容积率是可能高于基准容积率的，超出居住区标准的容积率值更多。

就上海和深圳而言，上海所属纬度高于深圳，两个城市所属地理环境、气候条件不同，对住宅地块的规划要求、限定条件尤其日照要求更有差别，但是在居住区标准内将两个城市分别所属的Ⅲ、Ⅳ气候区归为一类进行控制，尤其应用了同样的容积率控制指标，这一点是否合理值得思考。

6

空间管制比较

6.1 重点地区空间景观控制

6.1.1 城市重点地区的定义

《城市设计管理办法》（2017 年 3 月 14 日，由住房和城乡建设部发布），对重点地区划定为：

（1）城市核心区和中心地区；

（2）体现城市历史风貌的地区；

（3）新城新区；

（4）重要街道，包括商业街；

（5）滨水地区，包括沿河、沿海、沿湖地带；

（6）山前地区；

（7）其他能够集中体现和塑造城市文化、风貌特色，具有特殊价值的地区。

6.1.2 北京、上海、深圳三个规定关于重点地区空间景观控制的思路

三个规定中均明确了重点地区（或一类地区）应编制城市设计。

1. 北京规定第一步确定重点地区，第二步编制相应的城市设计

北京规定提出重点地区分级、分类（详见表 6-1），也明确了第一批重点地区的具体位置，内容较为详细。并明确"列为城市设计重点地区的区域在规划编制阶段应编制城市设计导则"。

2. 上海规定（控规标准）也是第一步确定重点地区，第二步编制相应的城市设计，但是比北京规定更加详细，提出具体的图则内容表达

上海规定（控规标准）不仅提出了重点地区分级、分类，而且给出了城市设计附加图则的详细控制，能更好地指导控制性详细规划编制和空间形象塑造（详见表 6-2、图 6-1）。

3. 深圳规定与北京规定思路基本相同，先确定重点区域后明确应编制城市设计，重点区域的划分方式与北京、上海不同

深圳规定从城市区域层面进行景观分区，涵盖面较广，划分一类城市景观区（即核心景观区）、二类城市景观区（即重要景观区）、三类城市景观区（即一般景观区）、四类城市景观区重点地区（即生态敏感区），可具体到地块、街区等范围；但只给出了具体的景观分区范围，并没有给出具体的景观特征及控制要点。但是深圳规定明确指出"一类城市景观区应单独编制城市设计，作为详细规划及用地规划设计条件的依据，二类城市景观区在编制法定图则时应加强城市设计内容研究"。（详见表 6-3、图 6-2）。

表 6-1 北京中心城重点控制范围表

类别	
在历史、文化方面对城市整体品质具有重要影响的地区	历史保护区
	文物周边区
在城市空间布局方面对城市整体品质具有重要影响的地区	节点、地标
	轴线及视线通廊
	界面（路径界面、城市界面）
在地形、地貌、自然环境方面对城市整体品质具有重要影响的地区	山地区
	滨水区
	大型公园
其他城市公共活动集聚区	大型城市功能区
	特色经营区
	部分地区公共服务中心
	其他

表 6-2 上海重点地区分级分类表

分类	一级重点地区	二级重点地区	三级重点地区
公共活动中心区	市级中心、副中心、新城中心、世博区、虹桥商务区主功能区等	地区中心区	社区中心、新市镇中心等
历史风貌区	历史文化风貌区	风貌保护街坊; 历史街区; 历史文化风貌区外全国重点文物保护单位、市级文物保护单位、优秀历史建筑的保护范围和建设控制地带所涉及的街坊、历史文化风貌区外风貌保护道路（街巷）两侧街坊	历史城区内保留历史建筑所涉及的街坊
重要滨水与风景区	黄浦江两岸、苏州河滨河地区、佘山国家旅游度假区、淀山湖风景区等	重要景观河道两侧、市级和区级公共绿地及周边地区等	
交通枢纽地区	对外交通枢纽地区	三线及以上轨道交通换乘枢纽周边地区	其他轨道交通站点周边地区
其他重点地区	经规划研究认定的其他地区，包括大型文化、游乐、体育、会展设施及周边地区，重要的城市更新地区等		

表 6-3　深圳城市景观分区划分表

分区名称	景观特征	主要控制范围
一类城市景观区	核心景观地区	半岛南部、大鹏半岛；深南大道与滨海大道两侧 200 m 范围地区，西部和东部海岸陆侧 300 m 范围内地区，深圳河、布吉河、新洲河、大沙河两侧 100 m 范围，轨道交通枢纽站 800 m 半径范围等
二类城市景观区	重要景观地区	沙井中心、松岗中心、观澜中心、平湖中心、布吉中心、横岗中心、奎涌中心；宝安大道、深惠公路两侧 100 m 范围，其他主要景观路两侧 50 m 范围；茅洲河、龙岗河、坪山河、观澜和两侧 100 m 范围；主要山体、水域周边 100～200 m 范围；一般轨道站点 500 m 半径范围
三类城市景观区	一般景观地区	除一、二、四类城市景观区以外的其他规划建设用地
四类城市景观区	生态敏感区	非建设用地及大型公园绿地

图 6-1　上海市"2035 总体规划"中上海市历史文化保护图

图 片 来 源：http://www.shanghai.gov.cn/newshanghai/xxgkfj/2035003.pdf

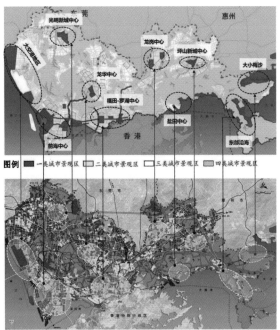

图 6-2　深圳城市景观分区划分示意图

图片来源：《深圳市城市规划标准与准则》内深圳市城市景观分区示意图

注：核心景观区一般为沿海一带和北部重要中心，二级景观区一般为居住商业设施，三级景观区一般为工业区，四级景观区一般为生态绿地

6.1.3　北京、上海两个规定关于重点地区空间景观控制特点

1.北京规定与上海规定（控规标准）关于重点地区分类内容不同

北京规定重点地区的内容涵盖了上海规定的内容。北京规定将重点地区分为四大类，

即在历史、文化方面对城市整体品质具有重要影响的地区，在城市空间布局方面对城市整体品质有重要影响的地区，在地形、地貌、自然环境方面对城市整体品质有重要影响的地区，其他城市公共活动集聚区。

上海规定（控规标准）将重点地区分为公共活动中心区、历史风貌区、重要滨水区域与风景区、交通枢纽地区和其他重点地区共五大类（详见表6-4）。从表中可以看出，北京的第二类、第三类重点地区基本上对应于上海第二、第三、第四类重点地区。

表6-4　北京规定与上海规定（控规标准）关于重点地区分类比较表

北京规定四大类重点地区	上海规定（控规标准）五大类重点地区
在历史、文化方面对城市整体品质具有重要影响的地区	历史风貌区
在城市空间布局方面对城市整体品质有重要影响的地区	公共活动中心区
	其他重点地区
在地形、地貌、自然环境方面对城市整体品质有重要影响的地区	重要滨水景观区
其他城市公共活动集聚区	交通枢纽地区

2.北京规定内容与落位更加具体

北京规定中包含在城市空间布局方面对城市整体品质具有重要影响的地区，即节点、地标、轴线及视线通廊、界面（路径界面、城市界面）内容。

北京规定给出了北京中心城地区重点控制区范围图（图6-3）及第一批划定的城市设计重点地区199个，包括相应的级别、建设情况和实施主体（图6-4）。北京规定内表格较多，在此抽取一个表格作为示意。（详见表6-5）。

图6-3　北京中心城重点控制区范围图

图片来源：http://www.jianbiaoku.com/webarbs/book/76119/1785924.shtml

图6-4　北京长安街界面

图片来源：http://58haolou.com/newslist.asp?id=217

北京规定对重点地区项目操作性进行了建设情况和实施主体的设定。建设情况包含已建成、规划阶段；实施主体包括历史遗存、政府主导和自发形成（详见表6-5）。

北京规定更注重操作和实施性，搭建了从重点地区划定、城市设计、实施操作的平台。

表 6-5　北京空间结构方面对城市整体品质影响的地区统计表

轴线类重点地区

序号	备选街区名称	街区类型	级别		建设情况		实施主体		
			城市级	片区级	已建成	规划阶段	历史遗存	政府主导	自发形成
1	中轴线地区	城市轴线	√		√	√	√	√	
2	长安街	城市轴线、路径界面	√		√			√	

路径界面类重点地区

序号	备选街区名称	街区类型	级别		建设情况		实施主体		
			城市级	片区级	已建成	规划阶段	历史遗存	政府主导	自发形成
1	二环路	路径界面	√		√			√	
2	三环路	路径界面	√		√			√	
3	四环路	路径界面	√		√			√	
4	八达岭高速	路径界面	√		√			√	
5	京承路	路径界面	√		√			√	
6	机场高速	路径界面	√		√			√	
7	京沈高速公路	路径界面	√		√			√	
8	京津塘高速公路	路径界面	√		√			√	
9	京开高速	路径界面	√		√			√	
10	京石高速	路径界面	√		√			√	
11	平安大街及其延长线	路径界面	√		√			√	
12	前三门大街	路径界面	√		√			√	
13	两广路	路径界面	√		√			√	
14	长安街	城市轴线、路径界面	√		√			√	

3. 上海规定（控规标准）关于重点地区分级

上海规定（控规标准）在重点地区五类、三级的基础上，增加了城市设计图则控制内容。规定了建筑形态、公共空间、道路交通、地下空间和生态环境等城市设计编制要求，为重点地区下一步的城市设计内容明确了方向，更好地指导控制性详细规划。（见表 6-6）。

表 6-6　上海市附加图则控制指标一览表

分类		公共活动中心区			历史风貌区			重要滨水区及风景区		交通枢纽区		
控制指标	分级	一级	二级	三级	一级	二级	三级	一级	二 / 三级	一级	二级	三级
建筑形态	建筑高度	●	●	●	●	●	●	●	●	●	●	●
	屋顶形式	○	○	○	●	●	●	○	○	○	○	○
	建筑材质	○	○	○	○	○	●	○	○	○	○	○
	建筑色彩	○	○	○	●	●	●	○	○	○	○	○
	连通道 *	●	●	○	○	○	○	○	○	●	●	●
	骑楼 *	●	●	●								
	标志性建筑位置 *	●	●	○	○	○	○	●		●	○	○
	建筑保护与更新	○	○									
公共空间	建筑控制线	●	●	●	●	●	●	●	●	●	●	●
	贴线率	●	●	●	●	●	●	●	●	●	●	●
	公共通道 *	●	●	●	●	●	●	●	●	●	●	●
	地块内部广场范围 *	●	●	●	●	○	○	●	○	○	○	○
	建筑密度	○	○	○	●	●	●	○	○	○	○	○
	滨水岸线形式 *	●	○	○	○			●	●	○	○	○
道路交通	机动车出入口	●	●	●	○	○	○	●	○	●	●	●
	公共停车位	●	●	●	●	●	●	●	●	●	●	●
	特殊道路断面形式 *	●	●	●	●	●	○	●	○	●	○	○
	慢性交通优先区 *	●	●	●	○	○	○	●	○	○	○	○

分类	控制指标	公共活动中心区			历史风貌区			重要滨水区及风景区		交通枢纽区		
		一级	二级	三级	一级	二级	三级	一级	二/三级	一级	二级	三级
地下空间	地下空间建设范围	●	●	●	○	○	○	●	●	●	●	●
	开发深度与分层	●	●	●	○	○	○	○	○	●	●	●
	地下建筑主导功能	●	●	●	○	○	○	○	○	●	●	●
	地下建筑量	●	○	○	○	○	○	○	○	●	●	●
	地下连通道	●	●	○	○	○	○	●	○	●	●	●
	下沉式广场位置*	●	○	○	○	○	○	○	○	●	○	○
生态环境	绿地率	○	○	○	○	○	○	●	●	○	○	○
	地块内部绿化范围*	●	○	○	●	●	○	○	○	○	○	○
	生态廊道*	○	○	○	○	○	○	●	○	○	○	○
	地块水面率*	○	○	○	○	○	○	●	○	○	○	○

注：●为比选控制指标；○为可选控制指标；带*的控制指标仅在城市设计区域出现该种空间要素时进行控制

6.2 建筑高度控制

6.2.1 建筑高度的定义

依据《民用建筑设计统一标准》（GB 50352—2019），民用建筑按地上建筑高度或层数进行分类应符合下列规定：

1. 建筑高度不大于 27.0 m 的住宅建筑、建筑高度不大于 24.0 m 的公共建筑及建筑高度大于 24.0 m 的单层公共建筑为低层或多层民用建筑；

2. 建筑高度大于 27.0 m 的住宅建筑和建筑高度大于 24.0 m 的非单层公共建筑，且高度不大于 100.0 m 的，为高层民用建筑；

3. 建筑高度大于 100.0 m 的为超高层建筑。

6.2.2 北京规定、上海规定（控规标准）、深圳规定关于建筑高度控制的内容比较

1.建筑高度控制的总体思路

北京规定偏向于建筑工程规划设计指导，在建筑高度上没有设定详细的控制指标，只是提出建筑高度的设定条件应符合上位规划，即依据城市总体规划和控制性详细规划对建设用地的建筑高度进行控制。

上海规定（控规标准）为控制性详细规划编制提供依据。其建筑高度控制思路是结合主城强度分区进行相应的五级高度控制区。郊区城镇的一般地区应以二级、三级高度分区为主，形成多层和小高层（24～50 m）的基准高度；城市公共活动中心区、交通枢纽地区等重点区域局部可采用四级高度分区，布局 100 m 以下的标志建筑；不宜采用五级高度分区（详见表 6-7）。

深圳规定对建筑高度的控制放在了城市设计与建筑控制章节中地块与建筑控制内容里。包含划分裙楼高度与总高度控制、结合气候特征的建筑面宽与建筑高度的比例关系控制（避免屏风效应）、建筑高层与超高层的底层宜采用底层架空的人行空间及改善通风环境的控制。

表 6-7 上海市主城区开发强度及上海建筑高度指标汇总表

类型	用地		分区				
			一级强度区	二级强度区	三级强度区	四级强度区	五级强度区
开发强度	住宅组团用地	基本强度	≤ 1.2	1.2～1.6（含1.6）	1.6～2.0（含2.0）	2.0～2.5（含2.5）	2.5
		特定强度			≤ 2.5	≤ 3.0	> 3.0
	商业商务用地	基本强度	1.0～2.0（含2.0）	2.0～2.5（含2.5）	2.5～3.0（含3.0）	3.0～3.5（含3.5）	3.5～4.0（含4.0）
		特定强度			≤ 4.0	≤ 5.0	> 4.0
建筑高度 / m	建设用地		一级分区	二级分区	三级分区	四级分区	五级分区
			$H \leq 10$	$10 < H \leq 24$	$24 < H \leq 50$	$50 < H \leq 100$	$H > 100$

2.高度分区取值

上海规定对建筑高度控制进行了五级分区，是依据上海市主城区、新城、新市镇的开发强度分区，相应对建筑高度控制进行了五级和三级分区，并赋值。

深圳规定提出建筑高度控制分为裙楼高度控制和总高度控制，具体高度指标没有设定。《深圳市建筑设计规则》（2018）里对建筑裙房高度的定义为当裙房的建筑高度超过 24 m 时，其建筑退线、间距、消防、覆盖率等均应按高层建筑控制。除住宅建筑外其他建筑高度不超过 24 m 为多层建筑，建筑高度超过 24 m 但不超过 100 m 的为高层建筑，建筑高度超过 100 m 的为超高层建筑。

同时，深圳规定对建筑面宽提出条件设定，即建筑高度不大于 24 m，最大面宽不宜大于 80 m；建筑高度大于 24 m 不大于 60 m 时，最大面宽不宜大于 70 m；建筑高度大于 60 m 时，最大面宽不宜大于 60 m。主要考虑深圳靠海，常年风频较大，而且风力较强，对城市影响较大，避免建筑面宽过大形成屏风效应。（图 6-5）

图 6-5　深圳建筑高度与面宽比例

图片来源：百度地图街道全景图片

3. 步行空间和公共活动空间的尺度控制

上海规定（控规标准）关注建筑与道路围合空间的比例关系，为人创造更加惬意的空间感受，提出沿街建筑高度与道路红线宽度比值不宜大于 2：1（见图 6-6）。

深圳规定关注步行街和公共活动功能较强的沿街人行空间，提出高层及超高层居住建筑宜采用底层架空的形式，以改善通风环境，增加行人活动空间，没有给出具体的指标控制（见图 6-7）。

图 6-6　上海大学路街道街宽比

图片来源：百度地图街道全景图片

图 6-7　深圳博林天瑞高层居住建筑人行活动空间

图片来源：https://www.zcool.com.cn/article/ZNzMxOTE2.html?switchPage=on

4.滨水区域建筑高度控制

上海规定（控规标准）关于滨水区域建筑高度控制，关注建成区主要河道两侧的建筑高度与建筑至邻近河道蓝线距离比值不宜大于1:1，新建区域不宜大于1:1.5，河道两侧建筑高宽比宜统一。

深圳规定关于滨水区域建筑高度控制，关注首排建筑宜以底层和多层为主，临水方向建筑提出宜采用退台处理。可以看出滨水区弱化建筑，强调水的感受，滨水建筑塑造多层次性的立体空间。

在现实生活中沿河道空间的建筑高度控制不够理想，例如上海苏州河江宁路段建成区建筑与河道蓝线距离比是1.4:1，超过规定的1:1（见图6-8）。苏州河早期的邮政博物馆建筑和河道蓝线距离比是0.7:1，小于规定的1:1，空间开畅，尺度适宜（见图6-9）。

图6-8 上海市苏州河江宁路段尺度比例（新建建筑高度）

图6-9 上海市苏州河邮政博物馆段尺度比例（早期建筑高度）

图片来源：https://news.online.sh.cn/news/gb/content/2016–08/24/content_7993356_5.htm

图片来源：https://tuchong.com/1273410/12941935/

6.3 建筑物退让

6.3.1 建筑物退让的定义

建筑物退让包含建筑退线和建筑退界。

建筑退线是指建筑物根据城市规划要求后退五种规划控制线，即城市道路红线、城市绿地绿线、文物保护范围紫线、铁路市政等基础设施边界黄线、河湖边界蓝线等的距离。具体是指临规划控制线一侧建筑物外墙外皮（不含居住建筑阳台）最突出处与该控制线之间的水平方向的垂直距离。

建筑退界指建筑物后退建设用地边界线的距离。

建筑物退让距离须同时符合消防、环保、防汛和交通安全等方面的规定。

6.3.2 北京规定、上海规定（建筑工程）、深圳规定建筑物退让控制的思路

北京规定内分为建筑退线和建筑退让（退界）两大部分。建筑退线主要针对建筑退让城市道路控制线（红线）和建筑退让基础设施控制线（黄线）两部分进行了详细的控制说明。其中建筑退让城市道路控制线包含退让规定的城市主、次干道红线，退让一般城市道路红线的距离；建筑退让基础设施控制线主要包含铁路、高压走廊等。

上海规定（建筑工程）中主要包含建筑基地边界的退界距离（建筑退界）；城市道路两侧、城市高架道路两侧、道路交叉口四周、村镇、城镇范围以外的公路规划红线两侧、河道规划蓝线，铁路、磁悬浮交通线、电力线路保护区范围内的建筑退线要求。

深圳规定主要强调建筑退让用地红线的建筑退线，包含地下建筑物和地上建筑物的退线距离，虽然表述的是"退线"但应归为建筑退界的内容。

6.3.3 北京规定中建筑物退让

1. 建筑退线要求

（1）城市道路两侧建筑退线

在北京规定中表述为建筑退让城市道路控制线，分为建筑工程退让规定的城市主次干道红线距离和一般城市道路红线的距离。

在北京规定中明确指出了规定的城市主次干道，对其通过城镇地区的路段没有进行详细的控制，而是说明"按规划干道红线的要求控制建设"，通过平原农业区的路段，划定了70～100 m的绿化隔离带（具体数值可见表6-8）。并指出"正式列入全市'进京第一印象'工程的'五河十路'绿色信道建设工程按照市政府有关文件的规定执行"。

表6-8 北京规定中规定的主次干道控制要求统计表

规定的城市主次干道道路范围	控制要求	
	通过城镇地区（北京城市总体规划方案中规划确定）	通过平原农业区的路段（直到北京辖区边界）
规划市区范围内的三环路、四环路和外环路（即公路一环路）以及北京地区的公路二环路	按规划干道红线的要求控制建设	两侧向外分别各划100 m绿化隔离带
以规划市区二环路为起点，向外放射的9条规划主干道		
总体规划规定的次干道		两侧向外分别各划70 m绿化隔离带
规划规定需修建立交的干道路口	按规划立交红线要求控制	按规划立交红线向外划100 m绿化隔离带

图6-10 北京城市总体规划（2016—2035年）——中心城区道路网系统规划图

图片来源：http://www.beijing.gov.cn/gongkai/guihua/wngh/cqgh/201907/t20190701_100008.html

北京规定中详细列举了规定的主次干道范围（如京承公路：东直门—酒仙桥—顺义—怀柔—密云—古北口—承德等），和"五河十路"的范围〔如京石路（京港澳高速）、京开路（大广高速）等〕。

建筑工程退让一般城市道路红线的距离，应按照经审查同意的城市设计研究确定；未进行城市设计的，应综合城市景观、交通组织等因素研究确定，但不得小于北京规定中给出的表中规定。（表6-9）

表6-9 建筑工程与一般城市道路红线之间的最小距离（局部举例）

单位：m

建筑类别与高度		$0 < D \leqslant 20$		$20 < D \leqslant 30$		$30 < D \leqslant 60$		$D > 60$	
		无口	有口	无口	有口	无口	有口	无口	有口
居住建筑	$0 < H \leqslant 18$	>1（>0）	>1（>0）	>1（>0）	>1（>0）	>1（>0）	>1（>0）	>1（>0）	>1（>0）
	$18 < H \leqslant 30$	>1（>0）	>1（>0）	>1（>0）	>3（>0）	>3（>0）	>3（>0）	>3（>0）	>3（>0）
	$30 < H \leqslant 45$	>1（>0）	>3（>0）	>3（>0）	>3（>0）	>3（>0）	>5（>3）	>5（>3）	>5（>3）
	$45 < H \leqslant 60$	>3（>0）	>3（>0）	>3（>0）	>3（>0）	>3（>0）	>5（>3）	>5（>3）	>7（>5）
	$H > 60$	>3（>0）	>5（>3）	>5（>3）	>5（>3）	>5（>3）	>7（>5）	>7（>5）	>7（>5）
商务办公	$0 < H \leqslant 18$	>1（>0）	>1（>0）	>1（>0）	>1（>0）	>1（>0）	>3（>0）	>3（>0）	>3（>0）
	$18 < H \leqslant 30$	>3（>0）	>3（>0）	>3（>0）	>3（>0）	>3（>0）	>5（>3）	>5（>3）	>7（>5）
	$30 < H \leqslant 45$	>3（>0）	>5（>3）	>5（>3）	>5（>3）	>5（>3）	>7（>5）	>7（>5）	>7（>5）
	$45 < H \leqslant 60$	>5（>3）	>5（>3）	>5（>3）	>7（>5）	>7（>5）	>7（>5）	>7（>5）	>10（>7）
	$H > 60$	>5（>3）	>7（>5）	>7（>5）	>7（>5）	>7（>5）	>10（>7）	>10（>7）	>10（>7）
金融商贸服务设施（商业、宾馆等）	$0 < H \leqslant 18$	>1（>0）	>1（>0）	>1（>0）	>3（>0）	>3（>0）	>5（>3）	>5（>3）	>5（>3）
	$18 < H \leqslant 30$	>3（>0）	>3（>0）	>3（>0）	>5（>3）	>5（>3）	>7（>5）	>7（>5）	>7（>5）
	$30 < H \leqslant 45$	>5（>3）	>5（>3）	>5（>3）	>7（>5）	>7（>5）	>7（>5）	>7（>5）	>10（>7）
	$45 < H \leqslant 60$	>5（>3）	>7（>5）	>7（>5）	>7（>5）	>7（>5）	>10（>7）	>10（>7）	>10（>7）
	$H > 60$	>7（>5）	>7（>5）	>7（>5）	>10（>7）	>10（>7）	>10（>7）	>10（>7）	>10（>7）

注：①D为道路宽度，H为建筑高度，单位m；②括号内数字适用于二环路以内地区

就上表举例，如位于一般城市道路边的高度为 45 m 的居住建筑和商业商务建筑，在都有开口的前提下，距城市主干道（40 m）、次干道（24 m）、支路（14 m）的退线最小距离分别为下表 6–10 所列。

表 6–10　不同情况下退线距离表

用地性质	退线（道路红线）最小距离		
	主干道 （红线宽度 40 m、有口）	次干道 （红线宽度 24 m、有口）	支路 （红线宽度 14 m、有口）
居住建筑	6 m	4 m	4 m
商务办公建筑	8 m	6 m	6 m
商业建筑	8 m	8 m	6 m

北京规定中还列出了一些特殊情况及相对应的控制方法（详见表 6–11）。

（2）建筑退让绿线、紫线、蓝线

北京规定中对此三类的控制线退线要求为：建筑在解决市政、交通、消防等问题的前提下可不退让绿线、蓝线；建筑在解决市政、交通、消防等问题的前提下可不退让紫线，在某些情况下征求市文物行政主管部门的意见。

表 6–11　特殊情况下建筑退线控制要求

其他特殊情况	控制要求
机动车流量超过每小时 270 辆时，学校主要教学用房的外墙面与次干道（含次干道）道路同侧路边的距离	不小于 80 m
中小型电影院、剧场建筑从红线退后距离应符合城市规划按 0.2 ㎡ /座留出集散空地的要求；大型、特大型电影院除应满足此要求外，且深度不应小于 10 m。当剧场前面集散空地不能满足这一规定，或剧场前面疏散口的总宽不能满足计算要求时，应在剧场后面或侧面另辟疏散口，并应设有与其疏散容量相适应的疏散通道通向空地。剧场建筑后面及侧面临接道路可视为疏散通道	宽度不得小于 3.50 m
新建影剧院、游乐场、体育馆、展览馆、大型商场等的多、低层建筑（含高层建筑裙房），其面临城市道路的主要出入口后退道路规划红线的距离，除经批准的详细规划另有规定外	不得小于 10 m
道路交叉口四周的建筑物后退道路规划红线的距离	不得小于 5 m
自道路规划红线拓宽前直线段延长线交会点起 30 m 范围内	退让道路红线不小于 10 m
沿城市高架道路两侧新建、改建、扩建居住建筑，除按上表执行外，其沿高架道路主线边缘线后退距离	不小于 30 m
沿城市高架道路两侧新建、改建、扩建居住建筑，其沿高架道路匝道边缘线后退距离	不小于 15 m

（3）建筑退让铁路、轨道交通、电力线路保护区范围（黄线）给出了具体的退线距离（详见表 6–12）；市政设施和重大危险品设施等按相关的技术规范规定执行。

表 6-12　建筑退让铁路、电力线等退线距离统计表

铁路两侧	高速铁路两侧建筑工程与轨道中心线距离	铁路干线两侧建筑工程与轨道中心线距离	铁路支线、专用线两侧建筑工程与轨道中心线距离	铁路两侧围墙与轨道中心线距离（围墙高度不得大于 3 米）
	≥ 50 m	≥ 20 m	≥ 15 m	≥ 10 m
磁悬浮交通线两侧	后退轨道中心线距离除有关规划另有规定外	沿地面和高架轨道交通两侧后退线路轨道外边线外侧距离，除规划另有规定外		沿地下轨道交通两侧后退隧道外边线外侧距离
	≥ 50 m	≥ 30 m		按轨道交通管理有关规定执行
电力线路保护区范围内	一般地区架空电力线路两侧，后退线路中心线距离	中心城区架空线路两侧距离		电力电缆线路保护区，地下电力电缆线路每边向外两侧延伸距离
电力线路保护区范围内	500 kV　30 m	按电力管理的有关规定执行		≥ 0.75 m
	220 kV　20 m			
	110 kV　12.5 m			
	35 kV　10 m			

2. 建筑退界要求

在北京规定中建筑退界要求表达为"建筑物后退相邻单位建设用地边界线的距离"。

除沿城市道路两侧按规划要求毗邻联建的商服公建、在居住区中按总体规划统一建设的各类建筑和在城市建设用地上按详细规划同期建设的各类建筑外，凡在单位建设用地上单独进行新建、改建和扩建的二层或二层以上各项建设工程，均应按表 6-13 中的计算公式计算建筑物退让相邻单位建设用地边界线的距离。

表 6-13　北京规定中各类建筑离界距离控制表

		板式建筑（南北朝向）	板式建筑（东西朝向）	塔式建筑
北边界	计算公式	0.8H（0.8H ≤ 14 m） 1.6H−14（0.8H>14 m）	0.5H（0.5H ≤ 14 m） 1H−14（0.5H>14 m）	0.6H（0.6H ≤ 14 m） 1.2H−14（0.6H>14 m）
	退让距离	5～106 m	5～30 m	5～106 m
南边界	计算公式	0.8H	0.5H	0.6H
	退让距离	5～14 m	5～9 m	5～14 m
东西边界	计算公式	0.5H	0.75H（0.75H ≤ 12 m） 1.5H−12（0.75H>12 m）	0.5H
	退让距离	5～9 m	6～38 m	6～38 m

注：H 为拟建工程所在用地地块的规划建筑控制高度

针对表6-13给出的计算公式，以两种高度（15 m 和 80 m）的居住建筑为例，分别对应南北朝向板式、东西朝向板式和塔式建筑三大类（图6-11），形成了六种模式的退界距离。（图6-12）

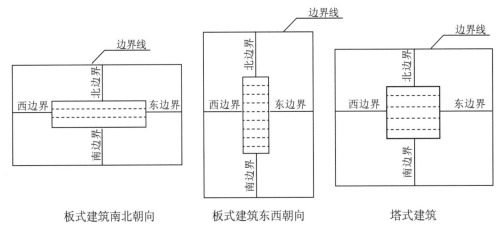

| 板式建筑南北朝向 | 板式建筑东西朝向 | 塔式建筑 |

图 6-11　建筑朝向示意图

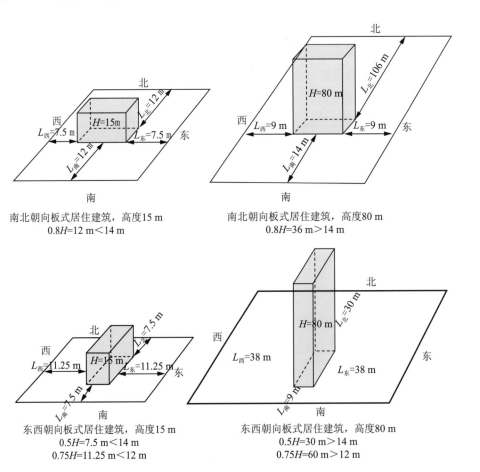

南北朝向板式居住建筑，高度15 m
0.8H=12 m＜14 m

南北朝向板式居住建筑，高度80 m
0.8H=36 m＞14 m

东西朝向板式居住建筑，高度15 m
0.5H=7.5 m＜14 m
0.75H=11.25 m＜12 m

东西朝向板式居住建筑，高度80 m
0.5H=30 m＞14 m
0.75H=60 m＞12 m

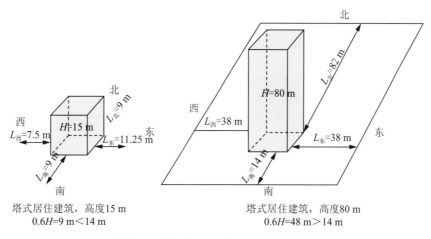

塔式居住建筑，高度15 m
0.6H=9 m＜14 m

塔式居住建筑，高度80 m
0.6H=48 m＞14 m

图 6-12　北京规定中各类建筑离界距离举例示意图

北京规定中对地块北边界的退界距离要求比较高，尤其对于高层而言退界值比较大，最多可退 106 m。

建筑工程地下部分退让相邻单位建设用地边界线距离原则上不小于地下建筑物深度（自室外地面至地下建筑物底板底部的距离）的 0.7 倍；按上述退让边界规定执行确有困难的，应采取可靠的技术安全措施和有效的施工方法，经相应的施工技术论证部门评审，并由原设计单位签字认定后，其距离可适当缩小，但其最小值应不小于 3 m，且围护桩和自用管线等不得超过基地界限。

6.3.4　上海规定（建筑工程、控规标准）中建筑物退让

1. 上海规定内涉及的建筑退线控制要求

上海规定（建筑工程）中主要针对"沿建筑基地边界和沿城市道路、公路、河道、铁路、轨道交通两侧以及电力线路保护区范围内的建筑物"，其退让距离应符合规定并同时符合消防、环保、防汛和交通安全等方面的要求。具体的退线控制要求见表 6-14。

表 6-14　上海规定（建筑工程）中相关退线距离要求统计表

		一般情况		特殊情况
	道路宽度 后退距离 /m 建筑高度 /m	D ≤ 24 m	D > 24 m	新建影剧院、游乐场、体育馆、展览馆、大型商场等多、低层建筑（含高层建筑裙房），面临城市道路的主要出入口后退道路规划红线距离除经批准的详细规划另有规定外，不小于 10 m
城市道路两侧	h ≤ 24 m	3	5	
	24 m < h ≤ 60 m	8	10	
	60 m < h ≤ 100 m	10	15	
	h > 100 m	15	20	

续表

城市高架道路两侧 – 特指居住建筑	沿高架道路主线边缘线		沿高架道路匝道边缘线
	≥ 30 m		≥ 15 m
道路交叉口四周	低、多层建筑		高层建筑
	≥ 5 m		≥ 8 m
村镇、城镇范围外公路规划红线两侧隔离带	国道、快速公路	主要公路	次要公路及以下等级公路	穿越村镇、城镇的公路两侧建筑物后退公路红线
	两侧各 50 m	两侧各 20 m	两侧各 10 m	≥ 5 m
河道规划蓝线两侧	除有关规定外			
	≥ 6 m			
铁路两侧	高速铁路两侧建筑工程与轨道中心线距离	铁路干线两侧建筑工程与轨道中心线距离	铁路支线、专用线两侧建筑工程与轨道中心线距离	铁路两侧围墙与轨道中心线距离（围墙高度不得大于 3 m）
	≥ 50 m	≥ 20 m	≥ 15 m	≥ 15 m
磁悬浮交通线两侧	后退轨道中心线距离，除有关规划另有规定外	沿地面和高架轨道交通两侧后退线路轨道外边线外侧距离，除规划另有规定外		沿地下轨道交通两侧后退隧道外边线外侧距离
	≥ 50 m	≥ 30 m		按轨道交通管理有关规定执行

电力线路保护区范围内	一般地区架空电力线路两侧，后退线路中心线距离		中心城和郊区城镇人口密集地区架空线路两侧距离	电力电缆线路保护区，地下电力电缆线路每边向外两侧延伸距离
	500 kV	30 m		
	220 kV	20 m	按电力管理的有关规定执行	≥ 0.75 m
	110 kV	12.5 m		
	35 kV	10 m		

上海规定（控规标准）中同样涉及了退让道路红线的距离，规定"退让主干路不应小于 10 m，退让次干路与支路不得小于 3 m。道路交叉口四周的建筑控制线退让道路红线的距离不得小于 3 m。在满足上述要求的前提下，建筑控制线退让公共绿地、广场边界线的距离不应小于 3 m"。

2. 各类建筑的退界要求（离界距离）

可按表 6-15 规定的建筑物高度倍数控制，但不得小于最小距离且需满足消防间距规定控制。（表中涉及的建筑朝向可参照图 6-13）

表 6-15　上海规定（建筑工程）中各类建筑离界距离控制表

建筑朝向与类别		居住建筑及医院病房楼、休（疗）养院住宿楼、幼儿园、托儿所和大中小学教学楼				非居住建筑	
		建筑物高度的倍数		最小距离 /m		建筑物高度的倍数	最小距离 /m
		浦西内环线以内	其他地区	浦西内环线以内	其他地区		
主要朝向	低层	0.50	0.60	6			3
	多层			9			5
	高层	0.25		12	15	0.2	12
次要朝向	低层	0.25		2		按消防间距控制	
	多层			4		按消防间距控制	
	高层	0.2		12		6.5	

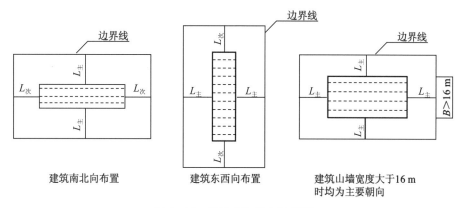

图 6-13　建筑主次朝向示意图

以浦西内环外两种高度（15 m 和 80 m）的居住建筑为例，分别对应主要朝向和次要朝向，计算四种模式的退界距离。（图 6-14）

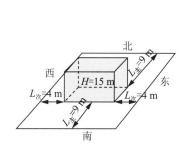

南北向居住建筑，多层高度15 m
0.8*H*=12 m＜14 m

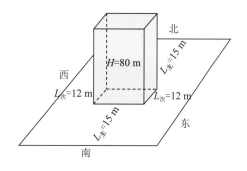

南北向居住建筑，高层高度80 m
0.8*H*=36 m＞14 m

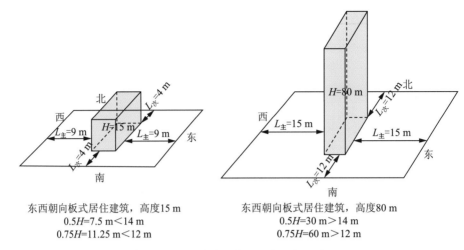

东西朝向板式居住建筑，高度15 m
0.5H=7.5 m＜14 m
0.75H=11.25 m＜12 m

东西朝向板式居住建筑，高度80 m
0.5H=30 m＞14 m
0.75H=60 m＞12 m

图 6-14　上海规定中浦西内环外各类建筑离界距离举例示意图

上海规定中主要朝向的退界距离一般比次要朝向的退界距离值大。

当建设基地界外是居住建筑时，除按照上表规定外还需要满足建筑间距要求，即要符合相邻地块的日照要求；当界外是公共绿地时，各类建筑最小离界距离按照表6-15中居住建筑离界距离控制；地下建筑物的离界距离不小于地下建筑物深度的0.7倍，特殊情况的经论证后可适当缩小但不小于3 m。（见表6-16）

表 6-16　上海规定（建筑工程）中受界外情况影响后各类建筑离界距离控制表

界外是居住建筑	界外是公共绿地	地下建筑物离界距离
表6-15规定＋建筑间距要求	使用表6-15中居住建筑最小离界距离	不小于地下建筑物深度（自室外地面至地下建筑物底板底部的距离）的0.7倍，特殊情况的经论证后可适当缩小但不小于3 m

6.3.5　深圳规定中建筑物退让

深圳规定中章节名称为"建筑退线"，但其实主要讲述的是建筑退界的内容，即建筑在各种情况下退让地块边界线的距离。

建筑退线一般按两级退线进行控制，建筑退线距离在符合建筑间距要求的前提下符合表6-17规定。

表 6-17　深圳规定中各类建筑退界距离控制表

分类	住宅建筑	非住宅建筑	最小退让距离 /m
二级退线	四层及以上住宅	24 m 以上部分	9
一级退线	三层及以下住宅	24 m 及以下部分	6

注：①当相邻地块建筑平行布置（或非平行但夹角小于等于30度）且一方或双方为住宅时，最小退让用地红线距离为 12 m；
②当建筑底层设置连续商业骑楼或挑檐遮蔽空间时，在满足交通要求的前提下一级退线可减少至 3 m

深圳规定中对住宅、学校等建筑临高速公路、快速路、城市主次干道时，临道路一

侧的建筑退让红线最小距离单独做了规范。（具体可见表6-18）

表6-18　深圳规定中住宅、学校临路一侧建筑退让最小距离控制表

其他特殊情况	控制要求
当住宅、学校等噪音敏感建筑相邻高速公路或快速路时，临道路一侧的建筑退让用地红线距离	不应小于15 m
当住宅、学校等噪音敏感建筑相邻城市主次干路时，临道路一侧的建筑退让用地红线距离	不宜小于12 m

建筑物独立地下室外墙面（柱外缘）退线距离不应小于3 m，面积狭小地块和相关规划特殊要求地区，在满足消防、地下管线布置、人防疏散、基坑支护和基础施工等技术要求的前提下，可适当减少退线。

6.3.6　三个城市相关规定中建筑物退让控制要求的比较

通过对北京规定、上海规定（建筑工程）、深圳规定相关内容分析后发现，三个规定中均对道路两侧退线要求和建筑退界（即建筑物后退建设用地边界线的距离）要求以及地下建筑物的建筑退界要求进行了相应的规范和控制。

1.道路退线要求

（1）常规道路退线要求

北京规定、上海规定（建筑工程）对道路退线要求较为详细，二者的控制范围和内容表述多为不同。

a.北京规定除特指的道路外，对一般道路按照20 m、30 m、60 m、60 m以上划分四个道路宽度层面，并且针对不同道路宽度细分了临路一侧开口与否两类，划分了居住建筑、行政科研办公建筑、商务办公建筑、金融商贸服务设施（商业宾馆等）、大型集散建筑（剧场、展览、交通场站、体育场馆等）和大型医疗卫生建筑六大建筑类型，并对每种建筑类型按照18 m、30 m、45 m、60 m、60 m以上五个建筑高度层面进行退线控制，给出了大于零至大于10 m的非固定后退数值。

b.上海规定对道路按照24 m以内、24 m以上划分两个道路宽度层面，对建筑没有区分类型仅按照24 m、60 m、100 m、100 m以上四个建筑高度层面进行退线控制，给出了最小值3 m、最大值20 m的固定后退距离数值。

对于有大量车流、人口集散的公建类建筑主要出入口与城市道路退线要求，北京规定和上海规定（建筑工程）均表述为"新建影剧院、游乐场、体育馆、展览馆、大型商场等的多、低层建筑（含高层建筑裙房），其面临城市道路的主要出入口后退道路规划红线的距离，除经批准的详细规划另有规定外，不得小于10 m，并应留出临时停车或回车场地"。

c.深圳规定中未给出具体的控制内容。

d.《城市居住区规划设计标准》（GB 50180—2018）中明确了居住区道路边缘至建筑物最小距离，当建筑物面向道路在有出入口的情况系退让城市道路控制线最小距离为5 m。

表 6-19　建筑物、构筑物退让居住区道路边缘控制线最小距离　单位：m

建筑类别		城市道路	附属道路
建筑物面向道路	无出入口	3.0	2.0
	有出入口	5.0	2.5
建筑物山墙面向道路		2.0	1.5
围墙面向道路		1.5	1.5

资料来源：《城市居住区规划设计标准》（GB 50180—2018）中表 6.0.5 居住区道路边缘至建筑物、构筑物最小距离（m）

以 80 m 高度的居住建筑为例，退让一般的城市道路距离见图 6-15。

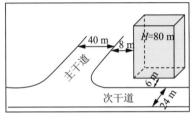
北京一般城市道路建筑退线示意

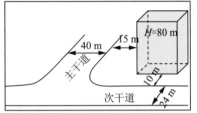
上海一般城市道路建筑退线示意

图 6-15　北京规定与上海规定（建筑工程）建筑退线一般城市道路控制示意图

（2）道路交叉口退线要求

北京规定、上海规定（建筑工程）对道路交叉口四周退线的同样要求给出了不同的规范表述（见表 6-20 和图 6-16～图 6-18）。

表 6-20　北京规定、上海规定（建筑工程）道路交叉口四周建筑退线规定比较表

北京规定		上海规定（建筑工程）	
道路交叉口四周的建筑物后退道路规划红线的距离	自道路规划红线拓宽前直线段延长线交会点起30 m 范围内	道路交叉口四周（均自道路规划红线直线段与曲线段切点的连线算起），多、低层建筑	道路交叉口四周（均自道路规划红线直线段与曲线段切点的连线算起），高层建筑
不得小于 5 m	退让道路红线不小于10 m	不得小于 5 m	不得小于 8 m

北京道路交叉口建筑退线示意

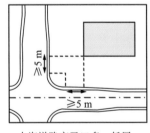
上海道路交叉口多、低层建筑退线示意

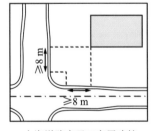
上海道路交叉口高层建筑退线示意

图 6-16　北京规定、上海规定（建筑工程）道路交叉口四周建筑退线示意图

图 6-17　北京博兴八路、泰河二街道路交
叉口

图片来源：百度地图街道全景图片

图 6-18　上海三旋路、懿行路交叉口

图片来源：百度地图街道全景图片

（3）常规道路绿化带退线要求

此类内容在三个城市的规定中没有表述。《城市绿线管理办法》第六条："控制性
详细规划应当提出不同类型用地的界线、规定绿化率控制指标和绿化用地界线的具体坐
标。"制定控制性详细规划时可根据绿化比例进行适当调整。

（4）公路级道路绿化隔离带退线要求

对公路绿化隔离带的退线控制要求，北京规定与上海规定给出的值差别较大。北京
规定中表述为规定的城市主次干道（具体道路名称可见北京规定和北京市总体规划中的
道路系统规划）通过城镇地区和通过平原农业区的路段绿化隔离带进行控制，外围控制
距离 70～100 m 不等；上海规定以国道、快速路、主要公路、次要公路是否穿越村镇、
城镇的公路两侧绿化隔离带进行控制，外围控制距离 10～50 m 不等。（详见表 6-21）

表 6-21　北京规定、上海规定（建筑工程）绿化隔离带控制比较表

北京规定				上海规定（建筑工程）			
规划市区范围内的三环路、四环路和外环路（即公路一环路）以及北京地区的公路二环路	以规划市区二环路为起点，向外放射的 9 条规划主干道	总体规划规定的次干道	通过城镇地区路段	国道、快速公路	主要公路	次要公路及以下等级公路	穿越村镇、城镇的公路两侧建筑物后退公路红线
两侧向外分别各划 100 m 绿化隔离带	两侧向外分别各划 100 m 绿化隔离带	两侧向外分别各划 70 m 绿化隔离带	按规划干道红线的要求控制建设	两侧各 50 m	两侧各 20 m	两侧各 10 m	不得小于 5 m

（5）高架路、铁路、磁悬浮交通线、电力线等退线要求

北京规定和上海规定（建筑工程）均包含对高架路、铁路、磁悬浮交通线、电力线
（高压走廊）退让距离、城市高架道路两侧的控制规范，且控制距离大体是一致的，均
应用了国家相应规范。

如对铁路线路退线的控制参照了《铁路安全管理条例》（2014）第四十一条，沿铁

6　空间管制比较

147

路两侧新建、扩建建筑工程，应符合以下规定：高速铁路两侧的建筑工程与轨道中心线的距离不得小于 50 m；铁路干线两侧的建筑工程与轨道中心线的距离不得小于 20 m；铁路支线、专用线两侧的建筑工程与轨道中心线的距离不得小于 15 m；铁路两侧的围墙与轨道中心线的距离不得小于 10 m，围墙的高度不得大于 3 m。北京规定中的表述与之一致，上海规定（建筑工程）中的表述与之基本一致（除铁路支线、专用线两侧建筑工程与轨道中心线距离，条例为 10 m，上海规定为 15 m）。

对电力线路的退线的控制参照《城市电力规划规范》（GB/T 50293—2014）（简称"电力规范"）中对高压架空电力线路规划走廊宽度的限定，且北京规定与上海规定（建筑工程）高压走廊控制距离一致（表 6-22）。

表 6-22　电力规范、北京规定、上海规定（建筑工程）高压走廊控制对比表

线路电压等级	高压走廊宽度		
	城市电力规划规范（2014）	北京规定（2012）	上海规定（建筑工程）
500 kV	60～75 m	60 m	60 m
220 kV	30～40 m	40 m	40 m
110 kV	15～25 m	25 m	25 m
35 kV	15～20 m	20 m	20 m

北京规定和上海规定（建筑工程）对城市高架两侧、磁悬浮线路建筑退线做了基本相同的规定，即"沿城市高架道路两侧新建、改建、扩建居住建筑，其沿高架道路主线边缘线后退距离，不小于 30 m；其沿高架道路匝道边缘线后退距离，不小于 15 m"，"悬浮交通线两侧新建、改建、扩建建筑物，其后退轨道中心线距离除有关规划另有规定外，不得小于 50 m；沿地面和高架轨道交通两侧新建、改建、扩建建筑物，其后退线路轨道外边线外侧距离除另有规定外，不得小于 30 m；沿地下轨道交通两侧新建、改建、扩建建筑物，其后退隧道外边线外侧距离应符合轨道交通管理的有关规定"。

2. 建筑退界要求

（1）距离地块规划边界线的退界要求

a. 北京规定是按照建筑样式和建筑朝向分别给出了四个边界的退让距离计算公式以及上限和下限值，表中没有区分建筑类型（住宅建筑与非住宅建筑），而是在表格注释中给出"拟建建筑为居住建筑时，后退各方向边界距离均按表规定执行，拟建建筑为公共建筑时，后退北边界距离应按表规定执行，后退其他方向边界距离可由规划行政部门参照建筑间距的相关规定提出"。

b. 上海规定（建筑工程）是按照建筑类别和建筑朝向及建筑高度（低层、多层、高层）分别给出了退让距离的计算方法以及最小距离值来规定退界距离。

c. 深圳规定是按照建筑类别（住宅建筑和非住宅建筑）以及各类建筑的高度（住宅以层数划分、非住宅以高度划分）在符合建筑间距要求的前提下直接给出了最小退让距离。

以一栋 15 层、高度为 45 m、南北朝向布置的板式住宅建筑为例，在不考虑对周边地块日照影响的前提下计算退界距离，差别较大。（表 6-23、图 6-19）

表 6-23　北京规定、上海规定（建筑工程）、深圳规定退界距离举例计算对比表

北京规定				上海规定（建筑工程）				深圳规定			
北边界	南边界	东边界	西边界	北边界	南边界	东边界	西边界	北边界	南边界	东边界	西边界
				浦西内环线以内							
58 m	14 m	9 m		12 m	12 m	12 m	12 m	9 m			
				其他地区							
				15 m	15 m	12 m	12 m				

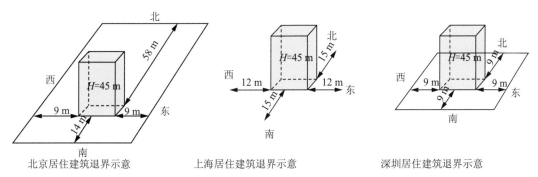

北京居住建筑退界示意　上海居住建筑退界示意　深圳居住建筑退界示意

图 6-19　北京规定、上海规定（建筑工程）、深圳规定退界距离举例示意图

　　三个城市的规定中同时也都指出建筑退界距离要符合消防间距，上表在计算出基本的退界距离后还需要核对与相邻地块建筑的消防间距。具体要求可参见《建筑设计防火规范》（GB 50016—2014）（2018 年修订版）中民用建筑之间防火间距（表 6-24）。

表 6-24　民用建筑防火间距表　　　　　　　　　单位：m

建筑类别		高层民用建筑	裙房和其他民用建筑		
		一、二级	一、二级	三级	四级
高层民用建筑	一、二级	13	9	11	14
裙房和其他民用建筑	一、二级	9	6	7	9
	三级	11	7	8	10
	四级	14	9	10	12

资料来源：《建筑设计防火规范》（GB 50016—2014（2018 年修订版）中表 5.2.2 民用建筑之间防火间距（m）

　　在一般情况下的消防间距，高层主体对高层主体之间控制在 13 m，高层主体与多层（高层群房）之间为 9 m，高层群房与高层群房之间为 6 m，多层与多层之间为 6 m。

　　（2）地下建筑物的退界要求

　　对地下建筑物的建筑退界要求，北京规定和上海规定（建筑工程）均规定了地下建筑物的退界距离"不小于地下建筑物深度（自室外地面至地下建筑物底板底部的距离）的 0.7 倍"，确有困难的经论证后"最小值不小于 3 m"；深圳规定限定了"建筑物独立地下室外墙面（柱外缘）退线距离不应小于 3 m"。

6.4 公共空间及风貌保护

6.4.1 公共空间的定义

北京规定中公共空间主要包含"所有公众均可进入的全公共性空间，如广场、绿地、滨水空间等；面向有限使用者的具有一定公共属性的空间，如公共建筑的底层空间、餐厅的户外用餐区等"。

上海规定（控规标准）中公共空间包含"上位规划确定的市级和区级公共绿地、生态廊道、城市广场等大型公共空间和为周边居民服务的小型公共空间"。

深圳规定中公共空间包含"具有一定规模、面向所有市民 24 小时免费开放并提供休闲活动设施的公共场所，一般指露天或有部分遮盖的室外空间和符合条件的建筑物内部公共大厅和通道"。

6.4.2 北京规定、上海规定（控规标准）、深圳规定中对公共空间控制的特点

1.北京规定中对公共空间控制侧重"重要的公共空间"控制线区域

北京规定中的公共空间内容较少，除给出了重要公共空间的内容外，强调地块公共空间的控制线是划定地块内具有公共属性的空间的界线（道路空间除外），并没有给出具体的控制要求。

2.上海规定（控规标准）中对公共空间的控制侧重小型公共空间的控制

上海规定（控规标准）对公共空间的内容重点关注小型公共空间，规定了小型独立用地公共空间相关控制要求，如在单元范围内独立用地的小型公共空间总用地面积占单元总用地面积的比例（详见表 6-25）及小型公共空间的布局引导（图 6-20）。还规定了公共活动中心内，上海规定（控规标准）里公共活动中心区、居住人口密度大于 2.5 万人 /km² 的居住社区内，小型公共空间服务半径不宜大于 150 m。居住人口密度小于等于 2.5 万人 /km² 的居住社区内，小型公共空间服务半径不宜大于 300 m。

表 6-25　独立用地的小型公共空间用地面积比例标准表

功能区域		内环内地区	主城区内环外地区	新城、新市镇
公共活动中心区		8%	11%	12%
居住社区	居住人口密度 > 2.5 万人 /km²	7%	8%	9%
	居住人口密度 ≤ 2.5 万人 /km²	6%	7%	8%
产业园区		公共空间适宜结合服务中心、职工宿舍等布局。生产研发区内小型公共空间的用地面积比例要求参照公共活动中心执行		

类型1：公共空间设置在道路两侧
- 不宜在干道两侧设置
- 考虑交通穿行安全

类型2：公共空间设置在建筑两侧
- 建筑间距建议 $w \geq 12$ m
- 建议建筑面向公共空间开口

类型3：公共空间临城市支路（路段）
- 公共空间宜设置在建筑南侧
- 建议较长边临支路
- 公共空间进深建议 $H \geq 12$ m
- 建议设置多个出入口

类型4：公共空间临城市干道（路段）
- 鼓励临支路设置公共空间
- 公共空间进深建议 $H \geq 12$ m
- 出入口设置在支路上，建议设置多个出入口

类型5：公共空间临城市支路（街角）
- 公共空间宜设置在建筑南侧
- 若需设置在城市干道，建议临城市次干道设置
- 公共空间进深建议 $H \geq 12$ m

类型6：公共空间临城市支路（街角）
- 避免两侧均临城市干道
- 建议较长边临支路
- 出入口尽量设置在支路上
- 公共空间进深建议 $H \geq 12$ m

图 6-20　上海规定（控规标准）——小型公共空间设计引导示意图

3. 深圳规定中公共空间侧重于公共空间的规模控制

深圳规定中给出了公共空间的划分类型（见表 6-26）以及某些情况下对应的规模控制，主要是指"除规划确定的独立地块的公共空间外，新建及重建项目应提供占建设用地面积 5%～10% 独立设置的公共空间；广场型公共空间宜利用建筑进行围合，围合率宜控制在公共空间周长的 50% 以上，最大开口不宜超过周长的 25%"等。

表 6-26　深圳规定中公共空间类型划分统计表

划分依据	类别	特征
空间	室外型	建筑空间之外的公共空间
	室内型	在建筑空间之内与室外公共空间保持连通性的公共空间，净空不小于 5.4 m
功能	绿地型	绿化占地比例不小于 65% 的公共空间
	广场型	绿化占地比例小于 65% 的公共空间
	街道型	依附于城市道路、步行街或内部道路的线性公共空间

6.4.3　三个规定中风貌保护包含的内容及特点

1. 北京规定中没有专门的风貌保护内容，只是在历史文化名城保护中针对相应的保护单位粗略地提出了要进行风貌保护的号召性口号，提出"旧城内新建建筑的形态与色彩应与旧城整体风貌相协调"。

2. 上海规定（控规标准）中风貌保护内容主要提出了"在历史风貌地区范围内，应结合城市设计研究，明确建筑的保护与更新类别、风貌保护道路（街巷）、风貌保护河道、古树名木等保护对象及相应的管控要求等"。

提出了历史风貌地区建筑的保护与更新类别，包括保护建筑、保留历史建筑、一般

历史建筑、应当拆除建筑、其他建筑五类，并对此五类建筑提出了大概的要求，如保护建筑"不得拆除，应当积极予以维修和再利用，应当划示范保护范围和建设控制范围"等。

还提出历史风貌地区应控制沿街建筑高度和非沿街建筑高度。如"新建、改建、扩建沿街建筑的建筑高度应以沿街保护建筑或保留历史建筑的建筑高度为依据。为保持沿街建筑界面的协调性，新建、改建、扩建沿街建筑的层高应尽可能接近相邻历史建筑的层高。"

3. 深圳规定中的风貌保护除城市总体风貌主要包含景观风貌分区外，主要包含在文化遗产保护中的历史风貌保护区应遵循的原则，如"保护文物古迹、历史建筑与历史环境要素，保持或恢复原有路网格局、空间尺度和景观特征，改建、恢复和重建要与街区格局及整体风貌相协调"等。

7

结束语：几点思考

前面六个章节我们对三大城市的城市规划管理的主要相关文件做了比较。把主要精力集中在城市规划管理相关文件的属性地位、土地利用、开发强度、空间管制这四个方面。其他方面如综合交通、市政设施、防灾避难等内容系统的专业性越来越强，相应的内容相似度也越来越高，不再比较下去。

从这个比较研究过程中我们可以发现：在一些具体的内容中，北京与上海或上海与深圳等两个城市之间相互比较的情况也是常见的。这说明了一个现象：这三个城市的城市规划管理相关文件，即我们选取的四份文件的主体部分，尤其是具体的操作层面上的内容大都不相同。城市因地域背景不同、气候条件不同、人文习惯不同，所以用一套模子去规划我们的城市还是有难度的，也是不应该的。

7.1 城市规划管理相关技术法规间接地影响着城市的空间形象和感受

图 7-1　网络电子游戏截图

图片来源：https://www.taptap.com/app/45280?from=bdcambrian&region=ga

什么东西决定着城市形象以及人们对城市之间的感受？城市的物质空间。简单地讲，就像一款电子游戏（图7-1）中表达：第一步开路网形成地块；第二步在地块上"种"上各类用途的房子。地块的用途要搭配合理，城市才会有机成长；否则城市衰退，游戏失败。游戏成功的话，你所建的城市土地价值上涨，地块上的房子不断翻建，房子越来越高，人口越来越多，设施也越来越庞大而集中，城市规模也越来越大。

在现实生活中，土地上造什么即土地使用功能不是随便安排的，要符合相关规划中的关于土地属性的规定。土地上房子也不是随便盖的，要符合开发强度、退界、消防等一系列规定的要求。这就需要城市规划管理相关法规、技术规定。现代生活中的城市营造是一场有组织有规划的"游戏"。

这些法规会对城市的物质空间产生影响，经过一段时间的建设之后，从单一地块的影响逐步扩大到片区乃至整个区域的影响。例如改革开放之后，我们通过40多年的大规模城市建设，一大批新区、新城已初具规模，有的到了可以直观的评判的时候。

上海市淮海路作为一条全国知名的商业街，代表着上海的繁华和时尚。行人可以站在街上看到时间留下的印记，一边是20世纪30、40年代的建筑物，一边是20世纪90

年代至 21 世纪初留下的建设成果，站在那里，可以感受出不同的尺度、不同的趣味、不同的风格。在这后面是不同时代不同的城市建设规则，也体现出不同时代人们对城市的认知不尽相同。（图 7-2）

图 7-2　上海淮海路街道改造后新街与老街界面对比

郑州市郑东新区智慧岛始建于 2017 年 2 月，作为河南国家大数据综合试验区核心区，智慧岛被定义为中原基金岛，打造全国领先的财富聚集洼地与金融服务高地。由于该岛整体面积不大，目前建设已初具规模，完全是按现行城市规划编制体系以及现有相关法规进行管理的新区模式。城市形象和空间感受很有代表性（图 7-3～图 7-11）。归纳下来有以下几个特征：

（1）轴线布局，端庄稳重；

（2）有标志性建筑，有主要公共形象空间，整体形象鲜明突出；

（3）城市道路宽阔，两侧绿化做得很好，但是不易分辨主干路、次干路，尤其是

图 7-3　智慧岛在郑东新区总规中的区位

图片来源：https://www.sohu.com/a/273929496_704393

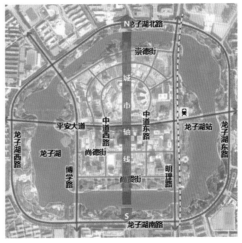

图 7-4　轴线布局

图片来源：上海思纳建筑规划设计股份有限公司编制《郑东新区智慧岛指挥中心项目建设前期研究 2019.04》

支路感觉很少；

（4）建筑物几乎都是点状高层主楼加上多层裙楼的模式，没有什么街道，更谈不上什么连续的城市界面；

（5）马路上停放着大量汽车，让人感觉永远是车比人多。

智慧岛的建设印证着我们的城市建设的几大步骤：第一步，发展决策即决定要干什么；第二步，招标规划设计概念方案；第三步，将好的理念和概念落位到法定规划（城市总体规划、控制性详细规划）中；第四步，土地招拍挂即落实开发商；第五步，进入地块建设工程阶段。

图 7-5　城市道路

图片来源：百度地图街景

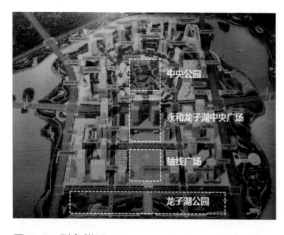

图 7-6　形象鲜明

图片来源：上海思纳建筑规划设计股份有限公司编制《郑东新区智慧岛指挥中心项目建设前期研究（2019.04）》

图 7-7　永和龙子湖中央广场

图片来源：https://zhengzhou.fangdd.com/loupan/n-1025375.html

图 7-8　龙子湖公园

图片来源：https://www.0951njl.com/henanlvyou/zhengzhou/jinshui/24885.html

图 7-9　缺少界面的连续性

图片来源：百度地图街景

图 7-10　车比人多

图片来源：百度地图街景

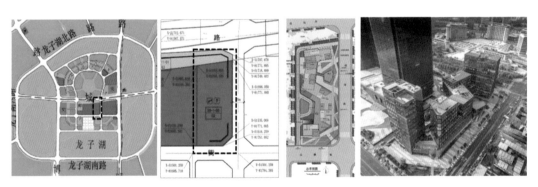

图 7-11　由总规、控规到具体地块的设计落位和建成

图片来源：上海思纳建筑规划设计股份有限公司编制《郑东新区智慧岛指挥中心项目建设前期研究（2019.04）》

7.2　城市规划管理相关技术法规应找回"初心"

　　城市化是人类文明进步的重要标志之一。世界上所有人几乎都希望安居乐业，对自己所住的城市有着美好的向往。尽管人们各自所处的现实情况不尽相同，但是对城市美好的愿景是一致的。

　　美国人约翰·伦德·寇耿等在《城市营造》这本书里提到了21世纪城市设计的九项原则，对世界范围城市建设均有指导意义。

　　原则一，可持续性——对环境的承诺；原则二，可达性——促进通行便利性；原则

三，多样性——保持多样性与选择性；原则四，开放空间——更新自然系统，绿化城市；原则五，兼容性——保持和谐性与平衡性；原则六，激励政策——更新衰退的城市/重建宗地；原则七，适应性——促进"完整性"与积极的改变；原则八，开发强度——搭配合理的公交系统，设计紧凑型城市；原则九，识别性——创造/保护一种独特而难忘的场所感。

作为世界上的发达地区，美国城市建设让城市化进程有识之士十分忧心忡忡。相继发表各种著作来揭示美国作为发达国家，其城市发展的种种弊端和解决这些问题的途径。其中最为著名的有简·雅各布斯的《美国大城市的死与生》。同时，为了进一步阻止美国大城市中心区的衰败、无目的蔓延式开发拓展、种族和贫富阶层的分化、耕地和野生资源的丧失、环境恶化以及对历史文化遗产的侵蚀，1996年在美国南卡罗来纳州的查尔斯顿召开了新城市主义协会的第四次大会，通过了《新城市主义宪章》。

尽管大家都意识到，仅仅靠物质空间方面的手段不能完全解决社会经济方面的问题，但是如果没有城市这样的物质构架，人们向往的繁荣的经济、稳定的社区和健康的环境又将如何实现呢？

新城市主义的目标在于在大都市整体范围内改造更新已有城镇；重新整合蔓延的郊区使之成为真正意义上的邻里和多元化的地区；并且保护自然环境以及已有的文化遗产。宪章分为三个部分，包括：第一层面，大都市群、城市和城镇层面的九条；第二层面，社区、城区和廊道层面的九条；第三层面，街区、街道和建筑物层面的九条。

这一框架标志着美国未来城市的发展方向以及城市规划或城市设计的大框架。尽管这一大框架是针对美国的城市化进程中的种种问题，但是对我们国家城市建设是很有借鉴意义的。可以这样说，有些城市病是全球性的。

从实践的角度来看，美国的城市规划工作者也是不遗余力地实践着"宪章"的种种

图7-12　从郊区粗放式蔓延的开发模式向集体化精细化的环境品质全面提升的模式转变

图片来源：*New American Urbanism Re-from the Suburban Metropolis*

设想和愿景，在这个过程中碰到了种种问题和难点，劝说包括开发商、社区群众、政府官员接受美好的愿景。更优的方案并不是太难，毕竟人人都希望自己的社区发展得更有活力、环境更好。最大的阻碍却是：优秀的方案往往与现行的某些法规相抵触，比如与消防规范、道路设计规范，这些规范要求更大的场地、更大的尺度。美国是一个汽车轮子上的国家，这与宜人尺度、紧凑的街道理论是相悖的。（图 7-12～图 7-14）

图 7-13　美国式的住区模式

图片来源：http://blog.sina.com.cn/s/blog_bc29716c0102v90e.html

图 7-14　新城市主义

图片来源：*New American Urbanism Re-from the Suburban Metropolis*

即使在中国也有突破现有规划的案例。郑东新区龙湖副 CBD 湖心地区中的建筑物按地块各自开发，而地下空间是统一建设开发，这大大地突破了现有建设规范，但是极大地提升了地下空间的使用效率，得到了广大专业和非专业人士的认可。但是为了达到这一成果，城市管理者也付出了很大的努力。（图 7-15～图 7-19）

图 7-15　龙湖副 CBD 湖心地区在郑东新区总规中区位

图片来源：https://www.sohu.com/a/273929496_704393

图 7-16　龙湖副 CBD 湖心地区平面图

图片来源：上海思纳建筑规划设计股份有限公司《郑东新区如意城市中央公园功能优化提升一期及龙湖区域公共景观绿地景观设计（2016.11）》

图 7-17　龙湖副 CBD 湖心地区鸟瞰图

图片来源：上海思纳建筑规划设计股份有限公司《郑东新区如意城市中央公园功能优化提升一期及龙湖区域公共景观绿地景观设计（2016.11）》

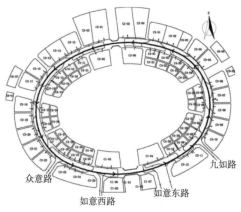

图 7-18　地下层全部连通的交通组织

图片来源：陈少华，《郑州副 CBD 湖心地区交通组织及智慧交通方案优化研究》，《城市道桥与防洪》2016 年第 7 期

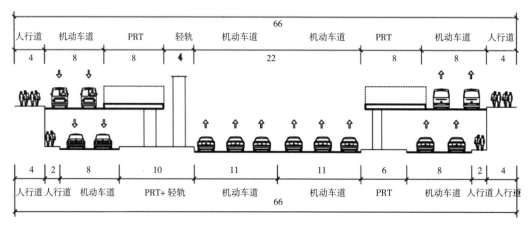

图 7-19　中央环形街区横断面方案

图片来源：陈少华，《郑州副 CBD 湖心地区交通组织及智慧交通方案优化研究》，《城市道桥与防洪》2016 年第 7 期

7.3　城市规划管理相关法规未来提升的几点思考

1. 随着城市规划编制和管理工作从住宅与建设部划归为自然资源部，这在本质上承认了城市规划的专业属性不是一个建设行为，而是一个资源配置的手段。在这方面可以考虑采用上海的思路，即制定两份相互关联的法规文件，一份指导城市规划编制与管理，不仅是控制性详细规划，可以称之为"城市规划技术准则"；另一份指导具体的建设工程，可称之为"建设工程技术准则"。深圳规定实质上也间接地体现了这一想法。

2. 这份"城市规划技术准则"应该包括土地利用、开发强度、空间管制、道路交通与街道空间以及其他等五大部分内容。

（1）土地利用方面，各城市应以国标为始，指定各自符合当地实际情况的用地分类。

为此，国标应该在两方面做出改进：第一，不应以城、乡或者建设用地、非建设用地作为分类起点，而应该对所有用地都进行统一分类，真正做到全国土地大类全覆盖；第二，统一全国土地分类的大类和部分中类即可，剩余的部分中类和小类由各城市根据各自实际情况自行解决自己土地分类的细化问题。

（2）开发强度、空间管制由各城市根据自己的实际情况在不违反相关法规的基础上自行制定。例如住区规范，已完全覆盖全国各种住区，最高容积率不能突破规范的要求。

（3）建议在道路交通章节中增设"街道空间"的内容，也可以独立成章，以解决目前道路交通相关规范在实施过程中与城市街道空间相互矛盾的情况。上海推出了《上海市街道设计导则》，按照现行道路交通法规形成人们中意的公共街道空间还有一定的距离。这也就是很多开发商热衷于在自己的地块内做商业步行街或休闲步行街项目的主要原因。

3.进一步拓展深圳的思路，将城市设计对城市研究可能性或特殊性的内容包容进来。例如前面郑东新区龙湖副 CBD 湖心地区城市设计导则中的规定，如果是一家开发商同时开发相邻的两块地，地面上的建筑部分按导则要求分开实施，而地下空间则可以连接一起实施，不必按照一般建设要各自退界。

城市设计可以对城市重点地区的空间土地综合利用、开发强度以及管制要求提出一些特殊要求。在北京、上海、深圳三个城市的规定中都或多或少提及这种可能性，并通过一定的程序如专家评审会的形式落地，并有意识地通过法定规划即控制性详细规划变成强制性内容。在现有的城市规划编制体系中，修建性详细规划的实际意义并不大，可由城市设计取代，但是两者并不是简单的互换关系。

目前，城市设计并没有纳入我国的城市规划法定程序中，只是作为各类城市规划编制的辅助手段存在着。总体而言，城市设计分别对应着三类规划编制：第一类对应着总体规划阶段城市设计，称之为总体城市设计、城市风貌设计或者城市色彩总体设计等；第二类对应着控制性详细规划阶段的城市设计，一般称之为某某区城市设计；第三类对应着修建性详细规划阶段的城市设计，一般称之为某某地区城市设计或某某大道沿线城市设计等。控制性详细规划搭配相应的城市设计，相辅相成，适用范围最广。很多城市均编制过类似的规划，有些城市已将这种"双规划"模式固定下来。

4. 把技术规定与规范的审议程序相结合，来共同形成城市规划和建设的决策程序。技术规定不是建设决策，其结果不一定代表着广大市民甚至是城市管理者的意愿，或者符合城市、社区的发展方向。城市建设的决策只有达成最广泛的共识，才是有生命力的、可持久推进的城市发展和社会进步。